Xiang Li
Guangqing Zhang
Oleg Ostrovski

Produção de carboneto de silício e silício em diferentes atmosferas gasosas

Xiang Li
Guangqing Zhang
Oleg Ostrovski

Produção de carboneto de silício e silício em diferentes atmosferas gasosas

ScienciaScripts

Imprint

Cover image: www.ingimage.com

This book is a translation from the original published under ISBN 978-3-659-86376-9.

Publisher:
Sciencia Scripts
is a trademark of
Dodo Books Indian Ocean Ltd. and OmniScriptum S.R.L publishing group

120 High Road, East Finchley, London, N2 9ED, United Kingdom
Str. Armeneasca 28/1, office 1, Chisinau MD-2012, Republic of Moldova, Europe
Managing Directors: Ieva Konstantinova, Victoria Ursu
info@omniscriptum.com

Printed at: see last page
ISBN: 978-620-8-51249-1

Índice

Prefácio

Uma maior expansão da energia solar é impedida pelo elevado custo do silício de qualidade solar utilizado na energia fotovoltaica. A síntese carbotérmica de carboneto de silício (SiC) seguida da reação de SiC com quartzo é uma abordagem nova e económica para a produção de silício de qualidade solar. O livro apresenta os resultados da investigação da redução carbotérmica de quartzo a SiC e da produção de silício a partir de quartzo e SiC em diferentes atmosferas gasosas, bem como os mecanismos de reação. O livro pode ser de interesse para estudantes e investigadores envolvidos na investigação e produção de silício de qualidade solar.

Vita

Xiang Li, anteriormente estudante de doutoramento na Universidade de Wollongong, Wollongong, Austrália, é bolseiro de pós-doutoramento na Universidade Norueguesa de Ciência e Tecnologia (NTNU), Trondheim, Noruega;

Guangqing Zhang, Professor Sénior, Escola de Engenharia Mecânica, de Materiais e Mecatrónica, Universidade de Wollongong, Wollongong, Austrália;

Oleg Ostrovski, Professor Emérito, Escola de Ciência e Engenharia de Materiais, Universidade de New South Wales, Sydney, Austrália.

Agradecimentos

Apoio financeiro do Conselho de Investigação Australiano e da ELKEM AS.

Ragnar Tronstad, ELKEM AS, pelo apoio ao projeto e pelas contribuições para os capítulos 3 a 5.

Dr. Kai Tang, SINTEF (Trondheim, Noruega), pelas contribuições para os capítulos 3 e 4.

Centro de Microscopia Eletrónica da Universidade de Wollongong para a caraterização por microscopia eletrónica.

Mark Wainwright Analytical Centre da Universidade de New South Wales para a análise LECO.

A Universidade de Wollongong, que acolheu o projeto.

Capítulo 1. Introdução

1.1 Produção de carboneto de silício

O carboneto de silício (SiC) tem uma longa história como material de corte, material refratário, semicondutor de alta temperatura e noutras aplicações avançadas [1, 2]. O SiC distingue-se por uma combinação de elevada condutividade térmica (superior à do cobre), dureza que se equipara à do diamante, elevada estabilidade térmica e inércia química. É também um material semicondutor de banda larga com elevada intensidade de campo elétrico de rutura e elevada velocidade de deriva saturada dos electrões [3].

O bloco de construção básico de um cristal de SiC é o tetraedro de quatro átomos de carbono com um átomo de silício no centro, como se mostra na Figura 1. Existe também um segundo tipo rodado 180° em relação ao primeiro. A distância entre o átomo de carbono e o átomo de silício é de 1,89 Â e a distância entre os átomos de carbono é de 3,08 Â [4]. Os cristais de SiC são construídos com estas unidades unidas nos cantos.

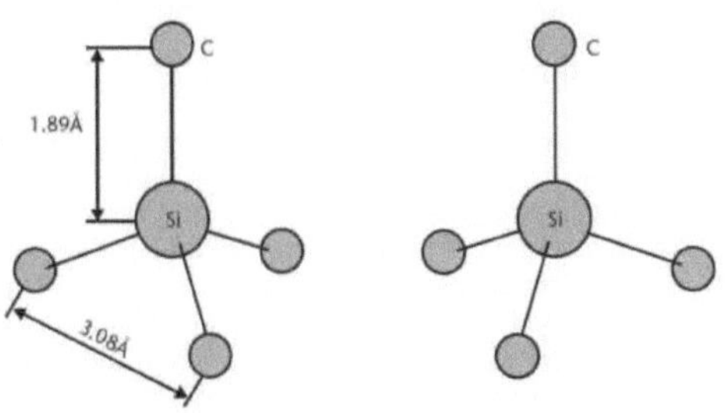

Fig. 1 O bloco de construção do tetraedro caraterístico de todos os cristais de SiC [2].

O SiC tem uma estrutura cristalina de empilhamento fechado que, dependendo da ordem de empilhamento, pode existir nas orientações cúbica (ABCABC...) ou hexagonal (ABAB...). Foram identificados numerosos politopos de SiC; no entanto, os politopos de SiC de ordem inferior são os mais comuns, ou seja, 3C (fase cúbica ou β), 4H, 6H, 15R e 27R, como se mostra na Figura 2. As formas hexagonal (H) e romboédrica (R) constituem o α-SiC e variam de acordo com a sequência de empilhamento na direção [0001] [5]. Foram observados politopos de período mais longo durante os processos de vapor ou solvente e, normalmente, envolvem a incorporação de defeitos superficiais, conduzindo a falhas de empilhamento. De facto, o SiC isolado e de fase pura é raro. As combinações múltiplas de estruturas cristalinas são muito mais comuns [6, 7].

A produção comercial de SiC foi estabelecida já em 1892, utilizando um processo conhecido como método Acheson. Neste processo, o SiC foi produzido por redução carbotérmica do quartzo utilizando materiais carbonosos (coque de petróleo, carvão antracite, carvão betuminoso e negro de fumo) a temperaturas muito elevadas (acima de 2000 °C) [8, 9]. No entanto, esta reação processa-se lentamente devido ao contacto inadequado entre as partículas sólidas. Outros métodos incluem a carbonização direta do silício elementar [10, 11], a deposição química de vapor (CVD) a partir de silano (SiH_4) [12, 13] ou metilclorossilano (CH_3SiCl_3) [14] e o método sol-gel [15]. Estes métodos têm as suas vantagens e desvantagens. Por exemplo, o pó de SiC produzido por CVD e pelo método sol-gel tem um elevado grau de pureza e uma distribuição estreita do tamanho das partículas. Mas os reagentes são instáveis e tóxicos, e o custo de produção é elevado. O método de carbonização direta é dispendioso, em comparação com o custo do silício elementar, e deixa uma quantidade significativa de silício não reagido e um elevado nível de impurezas [16]. Por conseguinte, o desenvolvimento de um processo novo e eficiente para a síntese de SiC é de grande importância.

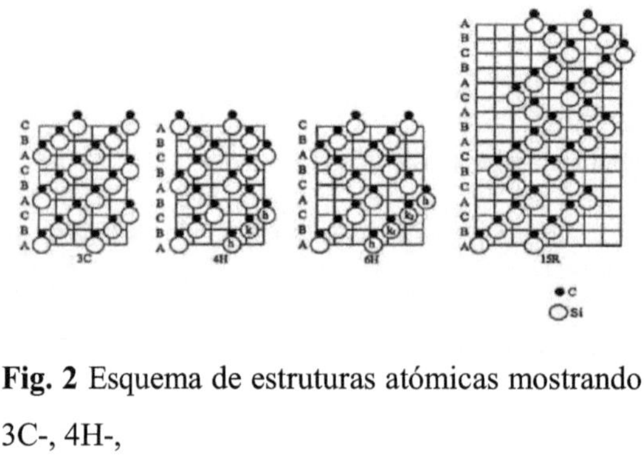

Fig. 2 Esquema de estruturas atómicas mostrando as sequências de empilhamento de 3C-, 4H-,

6H- e 15R-SiC [5].

A reação global para a formação de SiC através da redução carbotérmica da sílica pode ser representada como

$$SiO_2\ (s) + 3C\ (s) = SiC\ (s) + 2CO\ (g) \qquad (1)$$

$$\Delta G^\circ = 598.18 - 0.3278\ T\ \ (kJ)$$

Esta reação é fortemente endotérmica com ΔH°_{298} = 618,5 kJ [17]. A variação da energia livre de Gibbs com a temperatura da reação (1) e de outras reacções neste trabalho foi calculada utilizando o programa HSC Chemistry 6.1 no intervalo de 1000 a 2000 °C [18, 19]. A energia livre de Gibbs padrão da reação acima referida diminui com o aumento da temperatura e torna-se zero a 1525 °C. No entanto, a reação pode ter lugar a temperaturas mais baixas quando a pressão parcial de CO é significativamente inferior à pressão atmosférica. É geralmente aceite que o SiC é sintetizado através do monóxido de silício intermediário (SiO) [20]:

$$C\ (s) + SiO_2\ (s) = SiO\ (g) + CO\ (g) \qquad (2)$$

$$\Delta G^\circ = 668.07 - 0.3288\ T\ \ (kJ)$$

$$SiO\ (g) + 2C\ (s) = SiC\ (s) + CO\ (g) \qquad (3)$$

$$\Delta G^\circ = -78.89 + 0.0010\ T\ \ (kJ)$$

A energia livre de Gibbs padrão da reação (3) é negativa na gama de temperaturas examinada, pelo que a reação global de formação de SiC é definida pela reação de formação de SiO. Está bem estabelecido que a cinética da redução carbotérmica do SiO2 é afetada pela temperatura [21, 22], pela razão molar $_{SiO2/C}$ [23], pelo tamanho das partículas de carbono e SiO2 [24, 25] e pela densidade aparente inicial [23, 26]. O efeito da atmosfera de gás na redução carbotérmica da sílica foi estudado em menor escala. A formação de SiC pára quando a pressão parcial de CO na Reação (1) atinge o valor de equilíbrio. O CO tem de se difundir para fora da mistura reagente para que a reação possa ter lugar. Trabalhos recentes demonstraram que a atmosfera gasosa tem um forte efeito na cinética das reduções carbotérmicas de óxidos de manganês [27-30], titânia [31, 32] e alumina [33, 34]. Os dados obtidos por Terayama e Ikeda [30] para a redução carbotérmica de MnO mostraram que o MnO é reduzido muito mais rapidamente em hélio do que em árgon. Resultados semelhantes foram obtidos por Yastreboff et al. [29] na redução de MnO, minério de manganês e escória de ferromanganês. Ostrovski et al. [34] estudaram a redução carbotérmica no estado sólido de óxidos de manganês, titânio e alumínio em árgon, hélio e hidrogénio. A diferença entre o hélio e o árgon foi atribuída aos diferentes coeficientes de difusão dos reagentes e produtos gasosos, que são muito mais elevados no hélio do que no árgon. Quando a redução carbotérmica teve lugar em hidrogénio, este esteve envolvido no processo de redução através da redução de óxidos a subóxidos e da formação de metano como um redutor intermédio. A forte resposta da taxa de redução à mudança de atmosfera gasosa fornece uma visão do mecanismo de reação.

Um processo de redução carbotérmica requer um contacto íntimo entre um óxido sólido e um material carbonoso. Têm sido efectuadas investigações intensivas na produção de vários carbonetos metálicos utilizando metano. Ostrovski e Zhang [35-40] investigaram a redução e a carburação dos óxidos de ferro, manganês, crómio e titânio por misturas de gás CH_4-H_2-Ar. O gás contendo metano com elevada atividade de carbono (acima da unidade relativa à grafite) proporcionou condições fortemente redutoras, nas quais os óxidos metálicos foram reduzidos e cementados a carbonetos metálicos. O óxido de ferro foi primeiro reduzido a ferro metálico pelo hidrogénio, e depois cementado a cementite Fe_3C [39, 40]. O óxido de manganês foi reduzido a carboneto Mn7C3 através da sequência: $MnO_2 \rightarrow Mn\ O_{23} \rightarrow Mn\ O_{34} \rightarrow MnO \rightarrow Mn\ C_{73}$ [37]; e o Rutilo foi reduzido a oxicarbeto de titânio na seguinte sequência: $TiO_2 \rightarrow Ti\ O_{59} \rightarrow Ti\ O_{47} \rightarrow Ti\ O_{35} \rightarrow Ti\ O_{23} \rightarrow TiO\ C_{xy}$ [36]. Lee et al. [41] efectuaram uma análise termodinâmica da formação carbotérmica de SiC e Si elementar. Eles demonstraram que o metano se decompõe completamente a temperaturas acima de 1250 °C. Num processo prático, o estado de equilíbrio termodinâmico não é atingido imediatamente, pelo que a inclusão de metano altamente reativo num sistema de reação a alta temperatura pode melhorar a cinética da reação, tal como demonstrado pela redução de outros óxidos metálicos. No entanto, não foram relatadas na literatura investigações experimentais sobre a redução direta de SiO2 a SiC por gás contendo metano. O nosso estudo experimental da redução direta de quartzo ou de pó de sílica amorfa por metano demonstrou que o vapor de SiO, produto intermédio, escapava da zona de reação como fumos durante a reação sem conversão em SiC [42]. Este problema não se verifica na redução de outros óxidos metálicos pelo metano, uma vez que os seus produtos intermédios se encontram sob a forma de metais (Fe [39, 40]) ou de subóxidos sólidos (MnxOy [37] e TixOy [36]) que são posteriormente convertidos em carbonetos metálicos por reação com metano ou carbono depositado. O SiO gasoso pode ser "apanhado" proporcionando um contacto íntimo do quartzo com o carbono sólido, quer por deposição química de vapor de metano em partículas de sílica antes da redução [43], quer por mistura mecânica de carbono e sílica [23-25].

1.2 Produção de silício

O silício de qualidade solar (SoG-Si), que requer um nível de impurezas inferior a ~1 ppm (99,9999 %, 6N), é utilizado como matéria-prima pela indústria solar fotovoltaica e eletrónica [44]. Os métodos tradicionais de produção de SoG-Si baseiam-se na refinação ou transformação adicional do silício metalúrgico (Siemens, NEDO e outros [45-51]). O processo Siemens converte o silício em silanos utilizando HCl. Após redistribuição e destilação dos silanos, estes são decompostos em polissilício puro por deposição química de vapor. As modificações introduzidas no processo Siemens têm por objetivo reduzir o consumo de energia e aumentar o rendimento do silício. Nas rotas metalúrgicas, o silício de grau metalúrgico (MG-Si) é purificado na sua forma elementar. Evita-se assim a formação e o manuseamento de compostos de clorossilano tóxicos e potencialmente explosivos. Em 2004, a Organização para o Desenvolvimento de Novas Energias e Tecnologias Industriais (NEDO) e a Kawasaki Steel Corporation, no Japão, desenvolveram um processo que envolve a fusão por feixe de electrões no vácuo para remoção do fósforo, tratamento por plasma para remoção do boro e duas etapas de solidificação direcional. Em geral, a produção de SoG-Si pelos métodos tradicionais é uma operação complexa e dispendiosa.

O silício de grau metalúrgico (MG-Si) e as ligas de silício têm sido produzidos industrialmente desde o final do século XIX [52, 53]. A pureza do MG-Si é de cerca de 98,5~99,9 % de Si [54]. O silício metalúrgico é produzido num forno de arco elétrico submerso (SAF), carregando quartzo ou quartzito e uma fonte de carbono a partir do topo do SAF; à medida que a carga desce no forno, ocorrem várias reacções, obtendo-se o silício elementar como produto final [55]. O carbono sólido, como o carvão vegetal, o carvão e o coque, é utilizado como agente redutor no processo de siliciação para libertar o silício do quartzo. A baixa atividade carbonífera do carvão sólido tradicional implica a necessidade de uma temperatura elevada para a redução. Mais grave ainda, as impurezas significativas que entram no silício são derivadas de materiais de carbono. A reação global é dada pela Reação (4).

$$SiO_2 + 2\ C = Si\ (l) + 2\ CO\ (g) \quad (4)$$
$$\Delta G° = 711.77 - 0.3661T\ (kJ)\ \ (1273\ K \leq T \leq 2273\ K)$$

No entanto, o processo de reação real é muito mais complexo e inclui a formação de espécies intermédias SiO e SiC. O SiO2 é reduzido para formar SiO e CO pela reação (2).

O SiO gasoso sobe no tubo de reação e reage com o C para formar SiC na parte superior e mais fria do forno [56] através da reação (3).

A reação primária de produção de silício na zona interior de um forno de arco elétrico é a Reação (5):

$$SiO_2 + 2\ SiC = 3\ Si\ (l) + 2\ CO\ (g) \quad (5)$$
$$\Delta G° = 887.76 - 0.4083T\ (kJ)\ \ (1273\ K \leq T \leq 2273\ K)$$

A reação (5) prossegue através das reacções (6) e (7):

$$2\ SiO_2 + SiC = 3\ SiO\ (g) + CO\ (g) \quad (6)$$
$$\Delta G° = 1415 - 0.6586T\ (kJ)\ \ (1273\ K \leq T \leq 2273\ K)$$
$$SiO\ (g) + SiC = 2\ Si\ (l) + CO\ (g) \quad (7)$$
$$\Delta G° = 165.56 - 0.0751T\ (kJ)\ \ (1673\ K \leq T \leq 2273\ K)$$

E a reação (6) prossegue através das reacções (8) e (9):

$$SiO_2 + CO(g) = SiO\ (g) + CO_2\ (g) \quad (8)$$
$$\Delta G° = 1011.5 - 0.3196T\ (kJ)\ \ (1273\ K \leq T \leq 2273\ K)$$
$$2\ CO_2\ (g) + SiC = SiO\ (g) + 3\ CO\ (g) \quad (9)$$
$$\Delta G° = 403.51 - 0.3389T\ (kJ)\ \ (1273\ K \leq T \leq 2273\ K)$$

O SiO2 e o SiC reagem entre si na zona do arco [56, 57]. Em seguida, o vapor de SiO pode reagir com SiC para formar silício elementar. Quando o silício está presente no quartzo, a seguinte reação também pode ter lugar:

$$Si\ (l) + SiO_2\ (l) = 2\ SiO\ (g) \quad (10)$$
$$\Delta G° = 616.37 - 0.2875T\ (kJ)\ \ (1673\ K \leq T \leq 2273\ K)$$

O vapor de SiO foi também arrastado para fora da zona quente do forno e condensado a temperaturas relativamente baixas (inferiores a 1400 °C) pela reação (11).

$$2\ SiO\ (g) = Si + SiO_2 \quad (11)$$
$$\Delta G° = -683.75 + 0.3274T\ (kJ)\ \ (1273\ K \leq T \leq 1673\ K)$$

Poch e Dietzel [58] investigaram a reação entre SiO2 e SiC em atmosfera de árgon, na faixa de 1480-2000 °C com razão molar SiO2/SiC de 2,5. A taxa de reação foi considerada bastante lenta a temperaturas inferiores a 1550 °C, mas aumentou rapidamente com o aumento da temperatura. Abaixo de 1790 °C, a perda de peso final medida na reação concordou com a estequiometria da Reação (6). Acima de 1790 °C registou-se uma perda de peso adicional de cerca de 5 %. Este facto foi atribuído à evaporação do silício.

Tuset *et al.* [59, 60] investigaram a reação entre SiO2 e SiC através de uma análise termogravimétrica (TGA). Abaixo do ponto de fusão da sílica, verificou-se que a taxa de perda de peso era mais rápida em Ar do que em CO. Foi bastante insensível à qualidade do quartzo (pureza do quartzo, resistência térmica e propriedades de amolecimento), mas aumentou por um fator de 10 quando o SiC recristalizado foi substituído por um volume equivalente de SiC formado a partir de carvão vegetal. A razão molar entre o SiC consumido e o SiO2 foi considerada inferior a 2. Martello *et al.* [25] investigaram a produção de silício a partir de quartzo e SiC usando pellets de pó de quartzo-SiC e pedaços de quartzo. Foi produzido mais SiO e quase nenhum quartzo foi deixado quando pellets de uma mistura de SiO2-SiC foram usados como materiais de carga no caso da razão molar SiO2/SiC de 1:1. Em comparação, foi obtido um maior rendimento de silício com pedaços de quartzo devido à menor perda de SiO.

Trabalhos anteriores [28, 31, 33, 34, 61] demonstraram que a atmosfera gasosa pode alterar os mecanismos de reação de várias reacções de redução e a cinética da reação. Especificamente, o hidrogénio, como gás reativo, pode estar envolvido nas reacções e alterar os mecanismos das reacções sólido-sólido.

1.3 Âmbito e objetivo

Este trabalho faz parte dos esforços para desenvolver uma nova tecnologia para a produção de SoG-Si por redução carbotérmica utilizando gás natural como agente de redução ou parte do agente de redução. A elevada atividade carbonífera do gás redutor é a chave para atingir elevadas taxas e extensões de redução de óxidos metálicos por gás natural. O quartzo será convertido em carboneto de silício (SiC) em atmosfera de gás contendo metano no estado sólido a uma temperatura $\leq$ 1600 °C; o SiC reagirá posteriormente com o quartzo para formar silício a uma temperatura $\leq$ 1900 °C. A redução do quartzo a temperaturas mais baixas apresenta vantagens potenciais em relação à redução convencional do quartzo a partir de escórias fundidas. O gás natural contém um baixo nível de impurezas metálicas (totalmente, <1 ppmw) e fósforo (<0,5 ppmw) [62]. O silício produzido a partir de quartzo de elevada pureza utilizando gás natural conterá baixas concentrações de impurezas, o que reduzirá significativamente o custo de purificação na produção de silício solar.

Deve ser mencionado que a termodinâmica das reacções envolvidas na produção de silício está bem documentada [52], no entanto, os seus mecanismos necessitam de ser mais estudados e compreendidos. O estudo investiga os efeitos da atmosfera gasosa, incluindo hidrogénio e metano, na formação de carboneto de silício e silício elementar. Os dados obtidos no estudo experimental da conversão de quartzo em SiC foram utilizados para uma melhor compreensão dos mecanismos de reação.

Capítulo 2. Experiências

2.1 Materiais

O quartzo utilizado neste estudo foi fornecido pela Elkem AS (Oslo, Noruega) sob a forma de pedaços. O pó de quartzo foi obtido através da trituração dos pedaços de quartzo a menos de 70 µm num pulverizador de ágata de 6 polegadas num moinho de anel Rocklabs. O serviço de trituração foi fornecido pela Commonwealth Scientific and Industrial Research Organization (CSIRO, Melbourne, Austrália). A ágata era feita de sílica cinzenta, de modo a minimizar a contaminação da amostra de quartzo. Os teores de impurezas dos pedaços de quartzo foram fornecidos pelo fornecedor, conforme indicado na Tabela 1.

Table 1. Teor de impurezas em pedaços de quartzo, mg/kg.

B	P	Fe	Al	Ca	Ti	Mn	Mg
0.5	1.0	33.0	219.0	26.0	7.9	1.9	27.0

O pó de grafite era de pureza ≥ 99,99 %, fornecido pela Sigma-Aldrich Chemical Company, Inc. (St. Louis, EUA). A grafite era sintética com tamanho de partícula inferior a 45 µm.

O pó de α-SiC utilizado no Capítulo 5 foi fornecido pela Pacific Rundum Co. (Toyama, Japão), que era sintético com uma gama de tamanhos de partículas de 50-200 µm. Os teores de impurezas foram fornecidos pelo fornecedor, conforme indicado na Tabela 2.

Table 2. Teores de impurezas no pó de α-SiC, mg/kg.

Fe	Ni	Ca	Al	P	B	Na	K	Ti	V	Zr	N
5.0	0.8	0.5	14.0	1.0	<0.1	0.4	<1	3.5	0.7	0.4	123

Nos capítulos 3 e 4, o pó de quartzo pesado e o pó de grafite sintética foram misturados com água destilada (80 % em peso da mistura sólida) num frasco de plástico com bolas de moagem de zircónio. A mistura tinha uma relação molar C/SiO2 de 2 ou 3,6. O frasco de plástico contendo a mistura foi rolado numa máquina de rolamento (Modelo 2B, Inversion Machine Ltd., Alberta, Canadá) durante 8 horas para assegurar uma composição homogénea. Em seguida, a água foi removida por aquecimento da mistura a 120 °C durante 48 horas. A mistura seca foi rolada na máquina de rolamento durante alguns minutos para separar as bolas de moagem do pó solto. A mistura pesada foi embalada num molde cilíndrico de aço inoxidável com 8 mm de diâmetro e prensada em pellets de aproximadamente 1 g cada numa prensa hidráulica uniaxial (Enerpac 10 Tonne, Enerpac, Wisconsin, EUA). A prensagem foi efectuada a uma carga de 20 KN durante 2 minutos.

No Capítulo 5, o pó de quartzo e o pó de carboneto de silício pesados foram misturados com água destilada (80 % em peso da mistura sólida) num frasco de plástico com bolas de moagem de zircónio. A mistura tinha uma relação molar SiC/SiO2 de 1 ou 2. O frasco de plástico contendo uma mistura foi rolado numa máquina de rolamento durante 8 horas para assegurar uma composição homogénea. Em seguida, a água foi removida por aquecimento da mistura a 120 °C durante 48 horas. A mistura seca foi rolada na máquina de rolar durante alguns minutos para separar as bolas de moagem com o pó solto.

O árgon, o hidrogénio e o metano foram fornecidos pela Coregas Pty. Ltd. (Unanderra, Austrália) como gases comprimidos em garrafas de gás. Os gases utilizados nas experiências tinham uma pureza de 99,999 % com impurezas típicas de H2O (< 3ppm), O2 (< 2ppm) e hidrocarbonetos totais (< 0,5 ppm). As misturas de gases foram formadas pela mistura de gases individuais, controlada por controladores de fluxo de massa (Modelo DFC26S, AALBORG Instruments and Controls, Inc., Orangeburg, U.S.A.).

2.2 Configuração e procedimento experimental

2.2.1 Redução carbotérmica do quartzo a SiC

A redução carbotérmica do quartzo a SiC em diferentes atmosferas gasosas foi estudada num reator de laboratório de leito fixo aquecido num forno tubular vertical elétrico (Modelo GSL-1600, Zhengzhou Kejing Electric & Trade CO. Ltd., Zhengzhou, China). O esquema do reator de leito fixo é apresentado na Figura 3. Uma pastilha de amostra foi colocada no tubo interior de alumina recristalizada. A pastilha foi suportada por um tampão de alumina, que foi fixado por um pino de alumina através de orifícios perfurados no fundo do tubo interior. A temperatura da amostra durante a reação foi medida por um termopar do tipo B, que foi protegido contra a atmosfera de gás de reação por uma bainha de alumina para termopar. O tubo interior com uma pastilha de amostra foi inserido na bainha exterior de alumina recristalizada com um diâmetro interior de 19 mm. O tubo interior, o tubo exterior e a bainha do termopar foram fixados por acessórios metálicos especiais e selados com anéis de vedação. O gás de reação foi introduzido no sistema de reação a partir do topo do tubo interior, fluiu através de uma amostra de pellets e de um tampão e, em seguida, saiu do reator a partir do espaço entre o tubo exterior e o tubo interior.

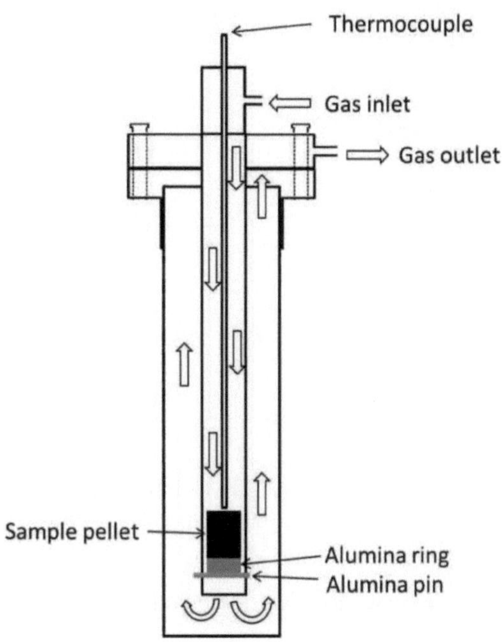

Fig. 3 Esquema do reator de leito fixo.

A redução carbotérmica do quartzo a carboneto de silício foi estudada em experiências de redução isotérmica e em experiências de redução com temperatura programada.

1) Redução isotérmica

O reator foi carregado com uma pastilha de amostra e montado à temperatura ambiente, sendo depois purgado com a mistura de gases para controlo da atmosfera de reação a um caudal de 1 NL/min durante 10 minutos. O reator foi aquecido até à temperatura desejada, inserindo-o no forno pré-aquecido a uma temperatura experimental. A reação foi interrompida após um determinado período de tempo, elevando o reator acima da zona quente do forno e arrefecendo-o. A Figura 4 apresenta um perfil típico de temperatura da redução isotérmica a 1773 K (1500 °C). O gás foi mantido em fluxo contínuo até que a temperatura de uma amostra se tornasse inferior a 100 °C para evitar a oxidação. O reator foi inserido ou retirado da zona quente do forno com vários intervalos para evitar o choque térmico que provoca a fissuração do tubo do reator. Finalmente, o reator foi desmontado e a amostra foi retirada do tubo interior para pesagem e caraterização.

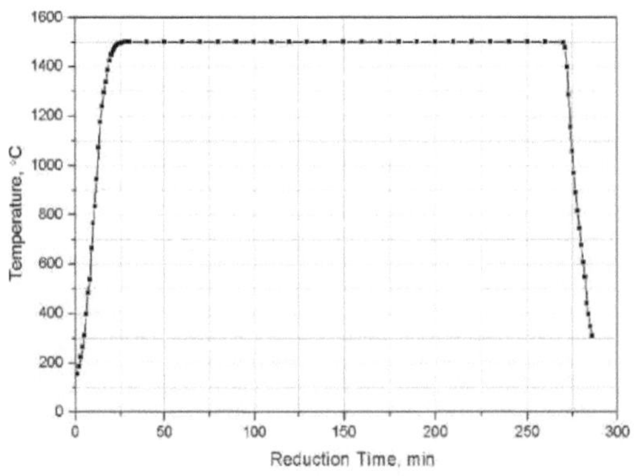

Fig. 4 Perfil de temperatura de uma experiência de redução isotérmica a 1500 °C.

2) Redução programada da temperatura

O procedimento das experiências de redução com temperatura programada foi basicamente o mesmo que nas experiências de redução isotérmica. O reator foi carregado na posição da zona quente e aquecido com o forno de 300 °C a 1600 °C com uma taxa de rampa de 3 °C /min. Quando a temperatura atingiu 1600 °C, o reator foi levantado da zona quente do forno para parar a reação.

Durante as experiências de redução, a composição dos gases de escape foi continuamente monitorizada por um analisador de gases por infravermelhos (Advanced optima AO2020, ABB Ltd., Ladenburg, Alemanha) ligado a um computador. As concentrações de gás foram registadas de 5 em 5 segundos. Os limites superiores de CO e CO_2 a serem detectados com precisão são 30.000 ppm e 3.000 ppm, respetivamente. As concentrações de CH4 podem ser detectadas em duas gamas diferentes, 0-3.000 ppm e 0-100.000 ppm.

3) 2.2 Produção de silício a partir de quartzo e SiC

A produção de silício em diferentes atmosferas gasosas foi estudada num forno tubular de grafite de laboratório (Modelo 1000-2560-FP20, GT Advanced Technologies, Santa Rosa, E.U.A.). O esquema do reator de leito fixo é apresentado na Figura 5. Um cadinho de carboneto de silício contendo pó de amostra foi colocado no tubo de grafite interior. O cadinho foi suportado por um tubo de grafite com um diâmetro de 20 mm na zona quente do forno. A temperatura da amostra durante a reação foi medida por um aparelho do tipo

C, protegido da atmosfera do gás de reação por uma bainha de liga de tungsténio.

A extremidade do tubo de grafite no exterior do forno foi ligada ao tubo de entrada e ao tubo de saída do gás. O tubo de grafite e o termopar foram fixados por um encaixe metálico especial e selados com O-rings. O gás de reação foi introduzido no sistema de reação a partir da parte superior do tubo de grafite, atingiu o cadinho de amostra e, em seguida, saiu do reator a partir da parte inferior do tubo de grafite.

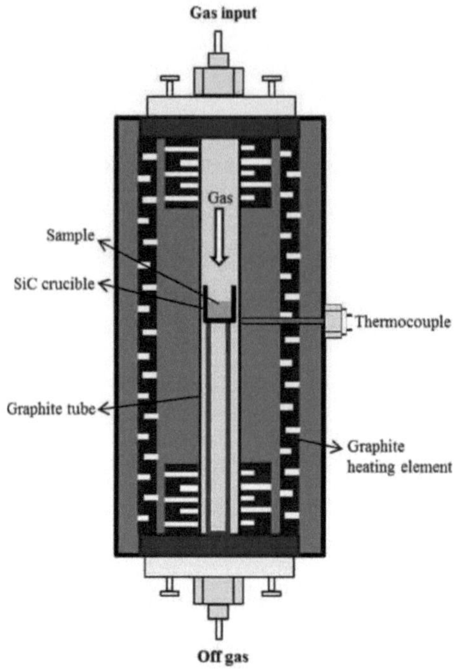

Fig. 5 Esquema de um forno tubular de grafite de alta temperatura.

A Figura 6 apresenta um perfil típico de temperatura da reação a 1800 °C durante 20 minutos. O forno foi primeiro evacuado a menos de 1 kPa, e subsequentemente cheio com 99,999 wt % de árgon puro a 1 atm. Em seguida, o forno foi aquecido a 400 °C a 10 °C/min e mantido constante durante 20 minutos. O processo de evacuação e enchimento com árgon foi repetido duas vezes a 400 °C, de modo a remover qualquer humidade adsorvida, CO_2 e O_2 das partes de grafite do forno. A mistura foi aquecida até à temperatura alvo a 40 °C/min. A reação foi interrompida após um determinado período, baixando rapidamente a temperatura e mantendo o fluxo de gás. Após a reação, a mistura foi pesada e analisada.

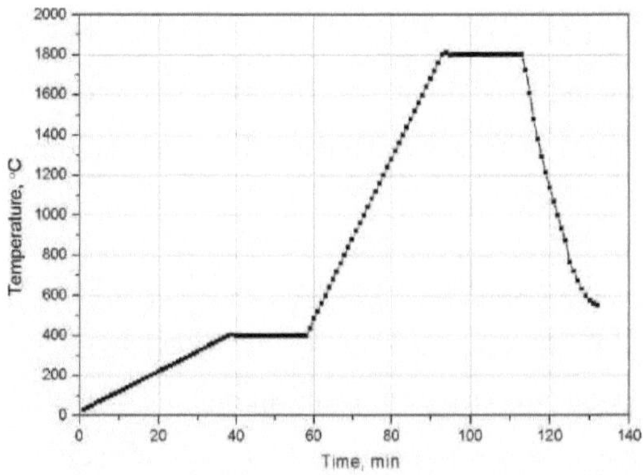

Fig. 6 Perfil de temperatura de uma experiência de redução a 1800 °C.

Durante as experiências de redução, a composição dos gases de escape foi continuamente monitorizada por um analisador de CO/CO2 por infravermelhos (ULTRAMAT 23, Siemens AG, Munique, Alemanha) ligado a um computador. A composição do gás foi registada de 1 em 1 segundo. A concentração máxima de CO_2 que pode ser detectada com exatidão é de 20 vol %. As concentrações de CO podem ser medidas em duas gamas diferentes, 0-2,50 vol % e 0100 vol %. O caudal de gás situa-se na gama de 50 a 120 L/hora.

2.3 Caracterização da amostra e análise de dados

A mistura original e as amostras reduzidas foram analisadas por um difratómetro de raios X (MMA, GBC Scientific Equipment, Braeside, Austrália). O pó fino de uma amostra após moagem foi digitalizado de 20 ° a 70 ° a uma velocidade de 2 °/min e tamanho do passo 0,02 ° com radiação CuK gerada a 35 kV e 28,6 mA.

As imagens de MEV foram registadas por microscopia eletrónica de varrimento de emissão de campo (FESEM, JCM-6000 e JSM-7001F, JEOL, Tóquio, Japão) a 15 KV. Ambos equipados com um espetrómetro de raios X por dispersão de energia (EDS), foram também utilizados para caraterizar a composição química das amostras. As amostras foram revestidas com ouro antes da observação por SEM para obter uma boa condutividade.

As imagens TEM e os padrões de difração de área selecionada (SADE) foram registados num microscópio eletrónico JEM 2011 (JEOL, Tóquio, Japão) operado a 200 KV. O espécime foi preparado misturando o pó da amostra com etanol e dispersado por um gerador de ultra-sons. Em seguida, a suspensão líquida foi colocada numa grelha de cobre.

O teor de oxigénio das amostras reduzidas foi determinado por um determinador de azoto/oxigénio LECO (TC-436 DR, St. Joseph, EUA). Uma amostra pesada foi colocada num cadinho de estanho dentro de um cesto de níquel. Um cadinho de grafite foi colocado entre dois eléctrodos. Passou uma corrente elevada através deste cadinho, aquecendo-o até temperaturas superiores a 3100 °C. Após um procedimento de desgaseificação, o cesto de níquel contendo uma amostra foi deixado cair no cadinho de grafite a partir de uma cabeça de carga purgada com hélio. A alta temperatura, o oxigénio da amostra combinou-se com o carbono do cadinho para formar monóxido de carbono (CO) e dióxido de carbono (CO_2), que foram detectados por detectores de infravermelhos. O instrumento foi calibrado utilizando amostras padrão com teores de oxigénio adequados.

O teor de carbono livre nas amostras reagidas foi determinado por um determinador de carbono/enxofre (CS-2000, ELTRA Elemental Analyzers, Haan, Alemanha). Uma amostra pesada foi colocada num cadinho de cerâmica. O sistema foi fechado e purgado com oxigénio. O cadinho foi aquecido num forno de resistência com temperatura fixa de 940°C em atmosfera de oxigénio. O carbono livre da amostra reagiu com o oxigénio para formar CO e CO_2, que foram analisados por detectores de infravermelhos. A esta baixa temperatura, o carbono sob a forma de SiC não reage com o oxigénio. O instrumento foi calibrado utilizando amostras padrão com teores de carbono adequados.

O teor de carbono total nas amostras foi determinado por um LECO Carbon/Sulphur Determinator (SC-444 DR, St. Joseph, U.S.A.). Uma amostra misturada com um fundente foi colocada num cadinho de cerâmica. O sistema foi fechado e purgado com oxigénio. A amostra e o fundente foram aquecidos no forno de indução de alta frequência. A atmosfera de oxigénio puro e o calor induziram a combustão da amostra, onde todos os elementos foram oxidados. O carbono da amostra reage com o oxigénio para formar CO e CO_2, que foram analisados por detectores de infravermelhos.

A extensão da redução (na redução carbotérmica do quartzo a SiC) foi definida como uma fração do oxigénio no quartzo removido no decurso da redução. O oxigénio foi removido sob a forma de CO, CO_2 e SiO. O principal produto contendo oxigénio foi o CO, uma vez que o CO_2 foi convertido em CO pela reação de Boudouard. Utilizando as concentrações de CO e CO_2 no gás de saída, a extensão da redução foi calculada utilizando a Equação (12).

$$X' = \frac{1}{n_{O-i}} \int_0^t \frac{F}{22.4}\left(C_{V-CO} + 2 \times C_{V-CO_2}\right)dt \tag{12}$$

em que X = a conversão de sílica com base em CO/CO2, %;

C_{v-co} = concentração volúmica de CO, vol %;

C_{v-co_2} = concentração volúmica de CO_2 , vol %;

F = caudal de gás, L/min;

22,4 = o volume de 1 mol de gás ideal em condições normais, L/mol;

n_{o-i} = teor inicial de oxigénio na mistura inicial, mol; t = tempo de reação, min.

Foi obtido um valor mais preciso de X através da calibração de acordo com o teor de oxigénio residual na amostra reagida, derivado da análise de oxigénio LECO. A conversão de SiO2 foi obtida utilizando a Equação (13).

$$X = \frac{1}{n_{O-i}} \left(n_{O-i} - n_{O-LECO}\right) \tag{13}$$

em que X = a conversão de sílica no final da reação, %;

n_{0-LECO} = teor final de oxigénio na amostra reagida, em mol.

Os gráficos da extensão de redução X versus o tempo de reação t foram obtidos normalizando a extensão final de redução da análise de gás em linha (Equação (12)) para os valores determinados utilizando o analisador LECO.

Partindo do princípio de que as amostras reduzidas são constituídas por SiC, SiO2 e carbono livre, o rendimento de SiC (percentagem de silício numa amostra original convertida em SiC) foi calculado utilizando a seguinte equação:

$$Y_{SiC} = \frac{100m}{40 \times n_{Si}} \times \left(1 - C_{C-free} - \frac{60}{32} C_{O-LECO}\right) \quad (13)$$

em que Y_{sic} = rendimento de SiC, %;

n_{si} = teor inicial de SiO_2 na pastilha antes da redução, em mol;

m = peso do grânulo após redução, g;

C $f_{c\text{-}ree}$ = concentração mássica de carbono livre na pelota após redução, %;

$_{CO\text{-}LECO}$ = concentração mássica de oxigénio na pastilha após redução, %.

Durante a redução cabotérmica do quartzo a SiC, a parte de SiO gerada e soprada para fora da pastilha foi definida como perda de silício como SiO e calculada pela Equação (14).

$$Y_{SiO} = \frac{1}{n_{Si}}\left[n_{Si}(100 - Y_{SiC}) - \frac{100m}{32} C_{O-LECO}\right] \quad (14)$$

em que Y_{sio} = perda de silício em SiO, %.

Nas experiências de produção de silício, assumindo que as amostras reduzidas consistiam em SiC, SiO2 e silício metálico, o rendimento de Si, (percentagem molar de silício elementar numa amostra original convertida em silício metálico), foi calculado utilizando a seguinte equação:

$$Y_{Si} = \frac{1}{28n_{Si}} m\left(100 - \frac{40}{12} C_{C-LECO} - \frac{60}{32} C_{O-LECO}\right) \quad (15)$$

em que Y_{si} = rendimento de Si, %;

n_{si} = teor inicial de silício elementar na mistura antes da redução, em mol;

m = peso da mistura após redução, g;

$_{CC\text{-}LECO}$ = concentração mássica de carbono total na mistura após redução, %;

$_{CO\text{-}LECO}$ = concentração mássica da mistura na mistura após redução, %.

Durante a produção de silício, a parte do SiO gerado expelida da pastilha foi definida como perda de silício como SiO e calculada pela Equação (16).

$$Y_{SiO} = \frac{100}{n_{Si}}\left[n_{Si}\left(1 - \frac{Y_{Si}}{100}\right) - m\frac{C_{O-LECO}}{32} - m\frac{C_{C-LECO}}{12}\right] \quad (16)$$

em que Y_{sio} = perda de silício em SiO, %.

Os cálculos de equilíbrio termodinâmico foram efectuados com o software Outokumpu HSC Chemistry (Versão 6.1, Outokumpu Research Oy, Pori, Finlândia).

Capítulo 3. Redução carbotérmica de quartzo a carboneto de silício em árgon e hidrogénio gasoso

O Capítulo 3 apresenta os resultados experimentais e a discussão da redução carbotérmica do quartzo a SiC em diferentes atmosferas gasosas, principalmente em hidrogénio. Os mecanismos de síntese do SiC em árgon e hidrogénio são estabelecidos neste capítulo. O efeito do hidrogénio deve ser estudado em pormenor antes de se utilizar o metano, uma vez que este se decompõe sempre em carbono sólido e hidrogénio a altas temperaturas.

3.1 Redução programada da temperatura

As experiências de redução programada por temperatura foram efectuadas numa gama de temperaturas de 300 °C a 1600 °C, com uma taxa de aquecimento de 3 °C/min. A extensão da redução do quartzo em diferentes atmosferas gasosas a várias temperaturas é apresentada na Figura 7. A taxa de redução em árgon puro foi baixa a temperaturas inferiores a 1500 °C. A extensão da redução foi inferior a 30,0 % a 1500 °C; aumentou para 89,0 % quando a temperatura foi aumentada para 1600 °C. A adição de hidrogénio a 10 % vol ao árgon aumentou significativamente a taxa de redução. A redução do quartzo estava quase concluída a 1600 °C. O aumento do teor de hidrogénio na mistura gasosa Ar-H_2 para 100 % vol. acelerou a redução; o aumento da taxa de redução foi particularmente forte quando o teor de hidrogénio foi aumentado de 60 para 100 % vol.

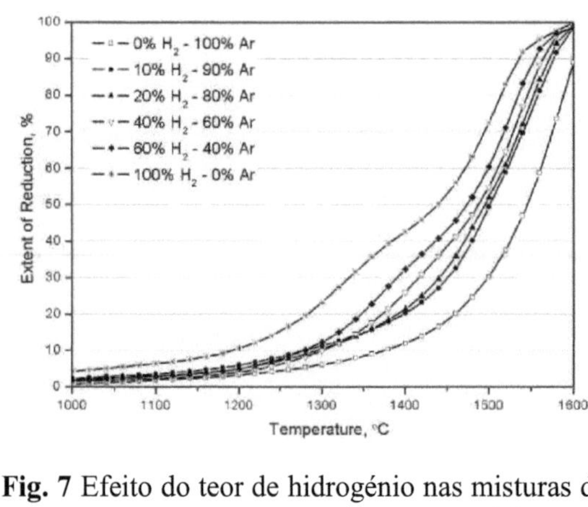

Fig. 7 Efeito do teor de hidrogénio nas misturas de gás Ar-H2 na redução do quartzo nas experiências de redução programada por temperatura. A temperatura do forno foi aumentada de 300 °C para 1600 °C a 3 °C /min.

Para identificar as alterações da composição das fases durante a redução carbotérmica do quartzo, as experiências de redução programada por temperatura foram interrompidas a diferentes temperaturas e as amostras foram analisadas por XRD. A Figura 8 apresenta os padrões de XRD das amostras reduzidas a diferentes temperaturas em árgon. Numa amostra aquecida a 1200 °C, as únicas fases identificadas por XRD foram o quartzo e a grafite, tal como na mistura original. Foi observado um pico fraco de β-SiC no espetro de XRD de uma amostra aquecida a 1300 °C, a 2θ = 35,66° (d = 2,516 Â). A Cristobalite foi identificada em amostras aquecidas a 1500 °C e 1600 °C, como resultado da transformação do quartzo em cristobalite que ocorreu acima de 1470 °C [63] Com o aumento da temperatura para 1600 °C, a quantidade de β-SiC aumentou significativamente, com grafite e uma pequena quantidade de cristobalite como reagentes residuais.

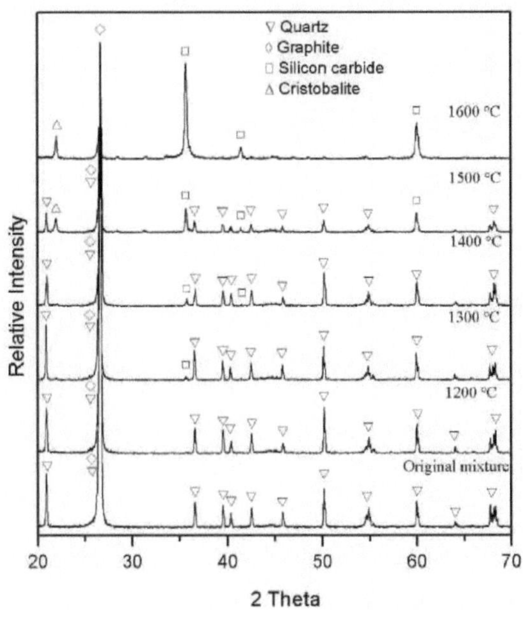

Fig. 8 Padrões XRD das amostras no progresso da redução programada da temperatura em árgon puro. A temperatura do forno foi aumentada de 300 °C para 1600 °C a 3

°C/min.

A Figura 9 apresenta os padrões de XRD das amostras aquecidas a diferentes temperaturas em hidrogénio. Não se registou qualquer alteração visível até 1100 °C. Quando a temperatura foi aumentada para 1200 °C, foi identificada uma pequena quantidade de β-SiC. Com o aumento da temperatura, a intensidade do pico de β-SiC na amostra reduzida tornou-se mais forte, correspondendo à diminuição das intensidades dos picos de quartzo. Na amostra sujeita a redução até 1600 °C, apenas o β-SiC estava presente para além de uma pequena quantidade de grafite residual. Na amostra reduzida em hidrogénio, não foi detectada qualquer fase de cristobalite pela análise XRD. Estes resultados indicam que a redução carbotérmica em hidrogénio foi mais rápida do que em árgon; pode sugerir-se que a taxa de redução do quartzo foi mais rápida do que a sua transformação em cristobalite.

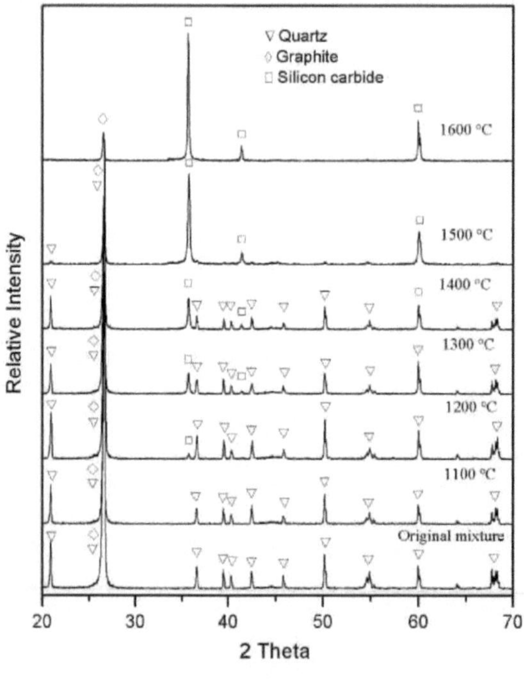

Fig. 9 Padrões XRD das amostras no progresso da redução programada pela temperatura em hidrogénio puro. A temperatura do forno foi aumentada de 300 °C para

1600 °C a 3 °C /min.

3.2 Redução isotérmica

A extensão da redução do quartzo em árgon em experiências isotérmicas a diferentes temperaturas de 1200 °C a 1600 °C é apresentada na Figura 10. A Figura 11 mostra os espectros de XRD das amostras reduzidas a diferentes temperaturas durante 270 minutos. A redução carbotérmica do quartzo em árgon foi muito lenta abaixo dos 1400 °C. Após a redução a 1200 °C, apenas foi detectada uma pequena quantidade de SiC com uma extensão de redução de 7,8%. A extensão da redução aumentou para 12,6 e 27,7 % a 1300° C e 1400 °C, respetivamente. O aumento da temperatura para 1500 °C resultou num aumento significativo da taxa de redução, e a extensão da redução atingiu 85,9%. O SiC tornou-se o composto predominante no produto da redução, tendo sido detectada uma pequena quantidade de cristobalite. A redução foi ainda mais acentuada com o aumento da temperatura para 1600 °C, onde a formação de SiC ficou quase concluída em cerca de 75 minutos, com um grau de redução de 99,3%, conforme determinado pela análise de oxigénio na amostra reduzida utilizando o analisador LECO.

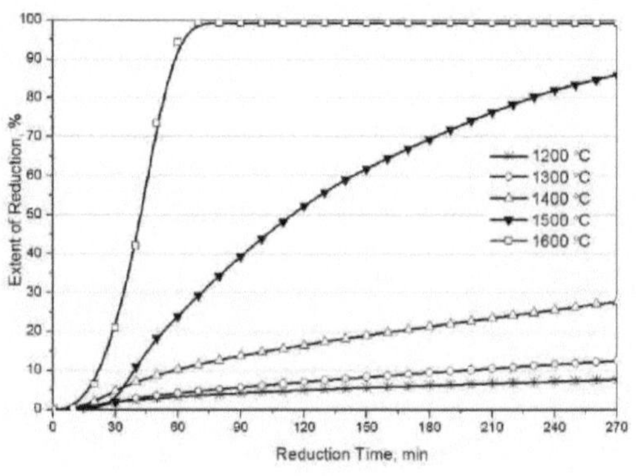

Fig. 10 Efeito da temperatura na redução do quartzo em árgon.

As curvas de redução obtidas em hidrogénio a diferentes temperaturas são apresentadas na Figura 12. Os padrões de XRD das amostras reduzidas durante 270 minutos são apresentados na Figura 13. A redução carbotérmica em hidrogénio foi significativamente mais rápida do que em árgon a 1200-1500 °C. O grau de redução a 1200 °C após 270 minutos atingiu 36,0 %, o que é superior ao atingido a 1400 °C em árgon. O aumento da temperatura para 1400 °C aumentou a formação de SiC; a sílica era indetetável na amostra reduzida durante 270 minutos, altura em que o grau de redução atingiu 98,5%. Na experiência a 1500 °C, o grau de redução atingiu 99,1 % em 140 minutos. A redução foi quase completa (99,6 %) em 70 minutos a 1600 °C. Os picos de grafite no espetro de XRD da amostra reduzida a 1600 °C não eram detectáveis por XRD. A diferença entre a taxa de redução em árgon e em hidrogénio a 1600 °C foi relativamente pequena. A esta temperatura elevada, a taxa de redução era controlada pela transferência de massa em vez da cinética intrínseca, que era menos sensível à atmosfera gasosa.

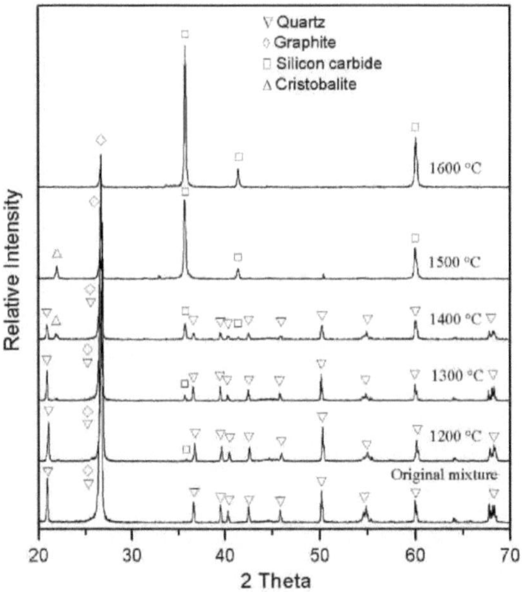

Fig. 11 Padrões de XRD das amostras reduzidas a diferentes temperaturas em árgon durante 270 min.

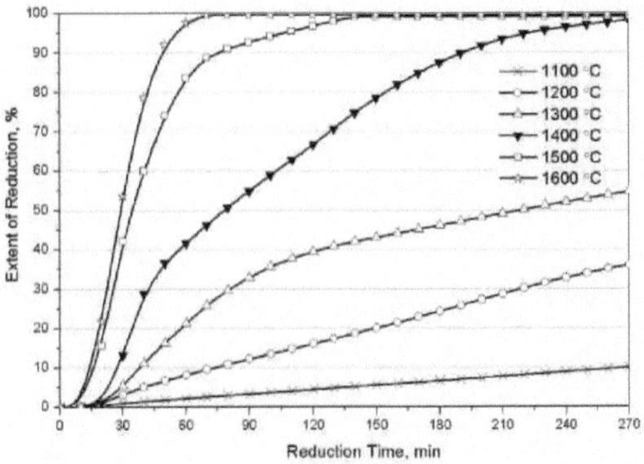

Fig. 12 Efeito da temperatura na redução do quartzo em hidrogénio.

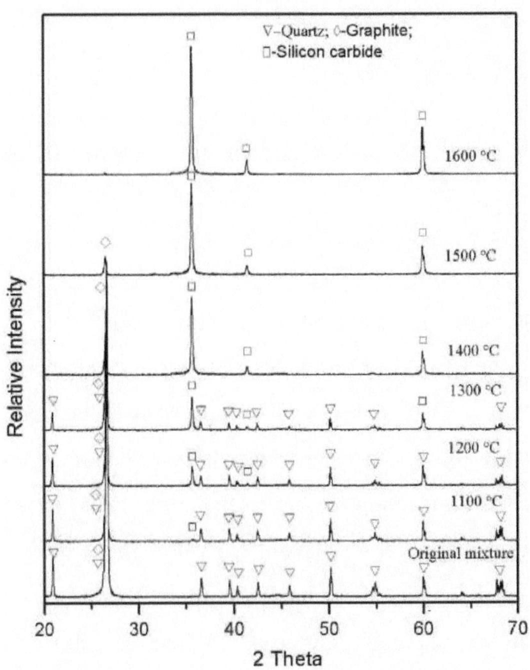

Fig. 13 Padrões de XRD das amostras reduzidas a diferentes temperaturas em hidrogénio durante 270 min.

O efeito do teor de hidrogénio nas misturas gasosas Ar-H_2 na redução carbotérmica do quartzo foi examinado a 1400 °C. As curvas de redução são apresentadas na Figura 14.

A extensão da redução em árgon puro foi de apenas 27,7 % após a redução durante 270 minutos. A adição de hidrogénio a 10 % vol. ao árgon aumentou significativamente a taxa de reação. O grau final de redução aumentou para 67,7 %. O aumento do teor de hidrogénio acelerou consistentemente o processo de redução.

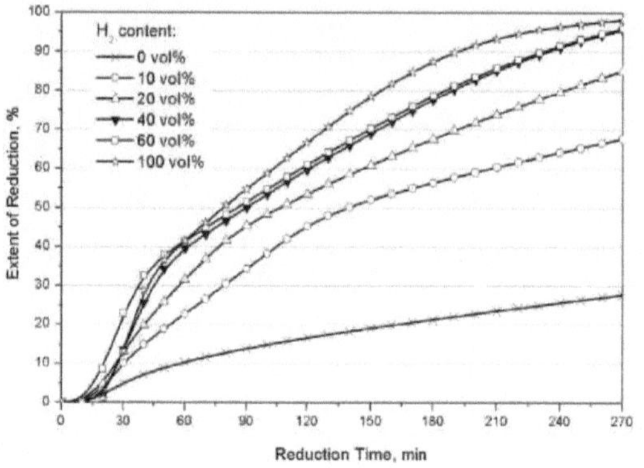

Fig. 14 Redução do quartzo em misturas de gás Ar-H com diferentes teores de hidrogénio a 1400 °C.

3.2 Mecanismo de redução

A atmosfera de gás teve um efeito pronunciado na redução carbotérmica do quartzo. A Figura 15 compara a taxa de geração de CO nas experiências de redução programada por temperatura em diferentes atmosferas gasosas. Em geral, as curvas de redução em gases contendo hidrogénio incluem dois picos. Com o aumento do teor de hidrogénio no gás de entrada, ambos os picos de CO deslocaram-se para temperaturas mais baixas. Quando o teor de hidrogénio foi aumentado para 100 vol %, os dois picos de CO apareceram a 1321 °C e 1508 °C, respetivamente. Na redução em árgon, foi observado apenas um pico na curva de redução que não atingiu o máximo na gama de temperaturas estudada (até 1600 °C). As posições dos picos de CO na redução em diferentes atmosferas gasosas estão resumidas na Tabela 3.

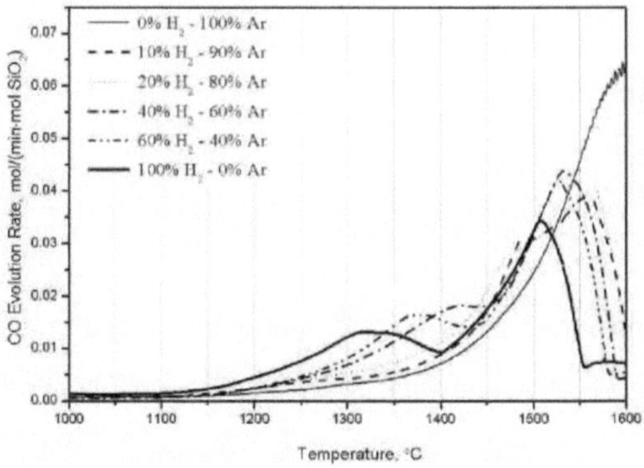

Fig. 15 Taxas de evolução do CO na redução programada da temperatura do quartzo em diferentes atmosferas gasosas. A temperatura do forno foi aumentada de 300 °C para 1600 °C a 3 °C/min.

Tabela 3. Variação das temperaturas dos picos de CO na redução programada pela temperatura com o teor de hidrogénio na mistura H -Ar_2

Teor de H2, vol % vol	Pico 1, °C	Pico 2, °C
0	> 1600	N/A
10	1561	1494
20	1551	1483
40	1532	1424
60	1522	1366
100	1508	1321

É bem conhecido que a redução carbotérmica da sílica envolve SiO intermediário gasoso. Quando a redução do quartzo é efectuada em árgon, o SiO forma-se inicialmente nos pontos de contacto entre a grafite e as partículas de quartzo, na sequência da reação sólido-sólido (2), e depois o SiO reage com o carbono para formar SiC na sequência da reação (3). O SiO também pode ser gerado pela Reação (17) que, com a diminuição da área de contacto entre o quartzo e a grafite, se torna uma reação importante para a formação de SiO. o CO_2 formado na reação (17) é convertido novamente em CO pela reação de Boudouard (18), que é altamente favorecida termodinamicamente dentro da gama de temperaturas das experiências de redução isotérmica deste estudo.

$$SiO_2\ (s) + CO\ (g) = SiO\ (g) + CO_2\ (g) \quad (17)$$
$$\Delta G° = 505.76 - 0.1598\ T\ (kJ)$$
$$C\ (s) + CO_2\ (g) = 2CO\ (g) \quad (18)$$
$$\Delta G° = 162.31 - 0.1690\ T\ (kJ)$$

Quando a redução é realizada na mistura gasosa H_2-Ar, o hidrogénio reage com o carbono formando metano (Reação (19)), que reage com o SiO2 formando SiO (Reação (20)).

$$C\ (s) + 2H_2\ (g) = CH_4\ (g) \quad (19)$$
$$\Delta G° = -89.00 + 0.1085\ T\ (kJ)$$
$$SiO_2\ (s) + CH_4\ (g) = SiO\ (g) + CO\ (g) + 2H_2\ (g) \quad (20)$$
$$\Delta G° = 757.07 - 0.4373\ T\ (kJ)$$

Na presença de carbono, o hidrogénio pode também reduzir diretamente a sílica [64] (Reacções (21) e (22)).

$$SiO_2\ (s) + H_2\ (g) = SiO\ (g) + H_2O\ (g) \quad (21)$$
$$\Delta G° = 534.35 - 0.1869\ T\ (kJ)$$
$$H_2O\ (g) + C\ (s) = H_2\ (g) + CO\ (g) \quad (22)$$
$$\Delta G° = 133.72 - 0.1419\ T\ (kJ)$$

A formação dos intermediários da reação CO_2, CH4 ou H_2O na redução carbotérmica não altera a termodinâmica das Reacções (2) e (3) ou a Reação (1) global, mas afecta o mecanismo e a cinética da reação. Assumindo uma pressão parcial de CO de 1 KPa, uma pressão parcial de H2 de 100 kPa e uma pressão parcial de CH4 de 0,05 KPa, as pressões parciais de equilíbrio do SiO nas reacções (2), (17), (20) e (21) são calculadas e representadas na Figura 16. Para as Reacções (17) e (21), assume-se também que a pressão parcial de equilíbrio do CO_2 ou H_2O na partícula de quartzo é a mesma que a do SiO. A suposição é feita com base no entendimento de que SiO e CO_2 ou SiO e H_2O foram formados simultaneamente nas partículas de quartzo pelas Reacções (17) ou (21), depois difundidos para as partículas de grafite onde SiO formou SiC (Reação (3)), enquanto CO_2 e H_2O foram convertidos em CO (Reação (18)), e H2 e CO (Reação (22)) respetivamente. Embora existam diferenças entre as difusividades do SiO e do CO_2 ou H_2O, espera-se que as pressões parciais do SiO e do CO_2 ou H_2O na superfície do quartzo sejam da mesma ordem. Esta figura também apresenta a pressão parcial do CH4 intermediário formado pela Reação (19) e as pressões parciais de CO_2 e H_2O na partícula de grafite após as Reacções (18) e (22) com as mesmas hipóteses.

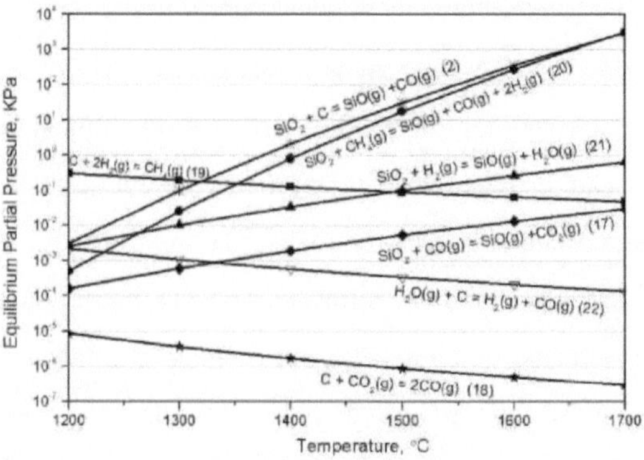

Fig. 16 Pressão parcial de equilíbrio do SiO para as Reacções (2), (17), (20) e (21) calculada com P_{CO} = 1 KPa, PH2 = 100 KPa e P_{CH4} = 0.05 KPa; pressão parcial de equilíbrio do CO_2 para a reação (18) calculada com P_{CO} = 1 KPa; pressão parcial de equilíbrio do CH_4 para a reação (19) calculada com P_{H2} = 100 KPa; pressão parcial de equilíbrio do H_2 O para a reação (21) calculada com P_{H2} = 100 KPa e P_{CO} = 1 KPa. Assume-se que P_{CO2} = P_{SiO} para a reação (17) e PH2O = P_{SiO} para a reação (21).

o CO_2 tinha uma pressão parcial muito baixa, sendo pelo menos uma ordem inferior ao valor de equilíbrio termodinâmico quando o carbono sólido está presente, o que significa que a cinética de redução foi controlada pela Reação (17) na gama de temperaturas deste estudo. A reação (17) gera SiO e CO_2 ao nível de ppm a 1200 °C de acordo com a Figura 16 (assumindo que a concentração de CO era de 1 vol %), o que torna a redução do quartzo em árgon a 1200 °C negligenciável. Com o aumento da temperatura, as pressões parciais de SiO e CO_2 aumentam significativamente, atingindo o nível de 100s ppm. Isto explica porque é que a redução carbotérmica do quartzo em árgon necessita de temperaturas elevadas.

De acordo com a Figura 16, as pressões parciais de SiO e H_2O geradas pela Reação (21) são sempre superiores em mais de uma ordem às de SiO e CO_2 pela Reação (17), o que explica a redução mais rápida do quartzo em hidrogénio. No entanto, deve notar-se que, a temperaturas inferiores a 1200 °C, a reação (21) não é viável, uma vez que a pressão parcial de equilíbrio do H_2O na superfície da partícula de grafite é superior à da partícula de quartzo. Por conseguinte, a redução direta pelo hidrogénio a temperaturas relativamente baixas pode ser limitada pela remoção de H_2O pela reação (22).

À semelhança da redução de outros óxidos metálicos estáveis, o CH4 pode desempenhar um papel significativo como redutor intermédio na redução em atmosfera contendo hidrogénio [35]. A formação de CH4 nas experiências de redução em hidrogénio foi confirmada experimentalmente através da análise da composição dos gases de escape. As alterações observadas na concentração de CH4 na redução programada a temperatura do quartzo em gás contendo hidrogénio são apresentadas na Figura 17. A concentração de CH4 foi próxima de zero quando o teor de hidrogénio era inferior a 40 vol %, devido à menor taxa de geração de CH4 pela Reação (19) do que a taxa de consumo pela Reação (20). Quando a mistura gasosa H_2-Ar continha mais de 40 % vol. de hidrogénio, a produção de CH4 era mais rápida do que o seu consumo; o CH4 no gás de escape foi detectado ao nível de centenas de ppm, como se mostra na Figura 17. O aumento da pressão parcial de hidrogénio aumentou a pressão parcial de equilíbrio do CH4 e aumentou a taxa de redução do SiO_2. A estabilidade do CH4 diminui com o aumento da temperatura (Figura 16); a sua concentração em experiências de redução a temperaturas > 1400 °C foi muito baixa (Figura 17).

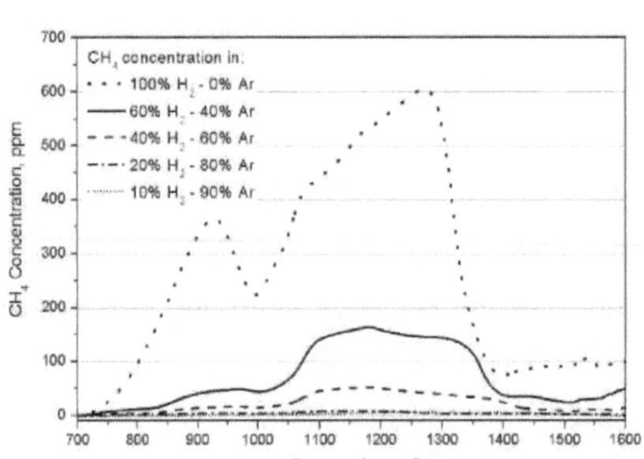

Fig. 17 Concentração de CH4 no progresso da redução programada por temperatura nas misturas gasosas Ar-H2 com diferentes teores de hidrogénio.

O SiC pode ser produzido pela Reação (3) ou pela Reação (23):

$$SiO\,(g) + 2\,CH_4\,(g) = SiC\,(s) + CO\,(g) + 4\,H_2\,(g) \qquad (23)$$
$$\Delta G^\circ = 99.113 - 0.2160\,T\ \ (kJ)$$

O cálculo termodinâmico com o programa HSC Chemistry 6.1 mostra que a reação (23) é termodinamicamente irreversível com uma constante de equilíbrio da ordem de 10^7 a 10^8 na gama de temperaturas considerada. A reação (23) é utilizada para a síntese de whiskers de SiC, que pode ser implementada com ou sem um catalisador [46-48].

Com base na discussão acima, pode concluir-se que a síntese de SiC a partir de quartzo e grafite em árgon puro foi iniciada pelas reacções (2) e (3) e depois prosseguiu pela via SiO-CO-CO2 através das reacções (17), (18) e (3). Na síntese de SiC em atmosfera de gás contendo hidrogénio, esta via desempenha um papel menos significativo. Em vez disso, pode prosseguir pela via SiO-H2-CH4 através das Reacções (19), (20) e (3) e/ou pela via SiO-H2-H2O através das Reacções (21), (22) e (3). Foram formados whiskers de SiC através das reacções (19), (20) e (23). A pressão parcial medida de CH4 foi muito baixa a temperaturas superiores a 1400 °C; é de esperar que a via SiO-H2-CH4 domine a baixas temperaturas, enquanto a altas temperaturas a síntese de SiC ocorre pela via SiO-H2-H2O. Estes mecanismos de redução explicam também dois picos nas curvas de evolução do CO observados na redução em misturas gasosas H2-Ar, como se mostra na Figura 15. O pico a baixa temperatura pode ser atribuído à formação de SiC pela via SiO-H2-CH4. A via SiO-H2-H2O é o mecanismo principal na formação de SiC a altas temperaturas.

3.4 Crescimento de bigodes de SiC em atmosfera de hidrogénio gasoso

As morfologias das amostras reduzidas em árgon puro e hidrogénio foram examinadas por SEM. A Figura 18 compara as morfologias das amostras antes e depois da redução programada por temperatura em árgon. A pastilha após a redução foi cortada em duas partes para observação por SEM da secção transversal e da superfície da pastilha. Pode-se ver que algumas partículas de SiO2 não reagidas (cristobalite) ainda se apresentavam na secção transversal (Figura 18(b)) e na superfície da pastilha (Figura 18(c)) após a redução a 1600 °C. O SiC sintetizado estava na forma de partículas. Em alguns trabalhos anteriores [68, 69], o vapor de SiO gerado reagiu com o vapor de CO para o crescimento do SiC na forma de whiskers através da seguinte reação:

$$SiO\ (g) + 3\ CO\ (g) = SiC\ (s) + 2\ CO_2\ (g) \qquad (24)$$
$$\Delta G^\circ = -403.51 + 0.3389\ T\ \ (kJ)$$

Neste estudo, não se gerou nenhuma pastilha de SiC em árgon puro, o que pode dever-se à menor pressão de vapor do SiO e do CO na redução em atmosfera de árgon.

Fig. 18 Imagens SEM das amostras. (a) Aglomerado da mistura original, secção transversal do aglomerado; (b) amostra após redução em árgon puro, secção transversal; (c) amostra após redução em árgon puro, superfície. A temperatura foi aumentada de 300 °C para 1600 °C a 3 °C /min.

A microestrutura da pastilha reduzida em hidrogénio era bastante diferente da microestrutura em árgon. As imagens SEM das amostras reduzidas a 1400 °C, 1500 °C e 1600 °C são apresentadas na Figura 19, Figura 20 e Figura 21, respetivamente. Para a amostra após redução a 1400 °C, foram observados poucos whiskers de SiC com diâmetro de 100-800 nm na secção transversal (Figura 19(a) e (b)). Entretanto, foram encontrados mais whiskers na superfície da pastilha (Figura 19 (c) e (d)). Os bigodes cresceram até menos de 4 μm e tinham um glóbulo de catalisador na extremidade de crescimento, o que indica que o crescimento dos bigodes seguiu o mecanismo VLS pela reação (23) através do mecanismo vapor-líquido-sólido (VLS) com ferro como catalisador [70-72].

Uma análise EDS de um glóbulo na Figura 19 (d) mostrou que consistia em 9,1 em % de Fe, 3,9 em % de Al, 0,6 em % de Cr com um equilíbrio de Si, C, O e Au. O Fe e o Cr presentes nas amostras são provenientes da contaminação das pastilhas no processo de prensagem com uma matriz de aço inoxidável. A presença de Al pode ser atribuída à redução do tubo de alumina por H2 a altas temperaturas, gerando vapor de Al2O depositado na pastilha da amostra [34]. Os sinais de Au provêm do revestimento de ouro na superfície das amostras SEM. O Fe e o Al também estavam presentes como impurezas no quartzo, como mostra a Tabela 1.

O aumento da temperatura para 1500 °C promoveu o crescimento de whiskers de SiC, como se mostra na Figura 20. Os whiskers na secção transversal da pastilha cresceram até 5-8 μm (Figura 20(a)), e os da superfície da pastilha eram muito mais compridos (Figura 20(b)). As análises EDS efectuadas a partir do corpo do bigode provaram que a composição principal dos bigodes era SiC.

Após o aumento da temperatura para 1600 °C, a redução do quartzo foi concluída, como comprovado pelas análises XRD na Figura 9. O crescimento do SiC cessaria quando não houvesse mais vapor de SiO. A imagem SEM de baixa ampliação mostrada na Figura 21(b) revela uma camada de flurry na superfície da pastilha. Os whiskers na secção transversal e na superfície eram bastante diferentes, os primeiros eram muito espessos e rectos (Figura 21(a)), enquanto os últimos apresentavam um elevado rácio de aspeto (Figura 21(c)). A Figura 21(d) apresenta uma imagem de um whisker em grande ampliação, que mostra que o whisker cresceu sob a forma de prismas hexagonais. A Figura 22(a) é a imagem TEM de um whisker típico de SiC recolhido da superfície da redução de pellets a 1600 °C, que também mostra a estrutura prismática do whisker. A Figura 22(b) mostra um glóbulo de catalisador com uma densidade mais elevada do que os bigodes e as partículas de SiC.

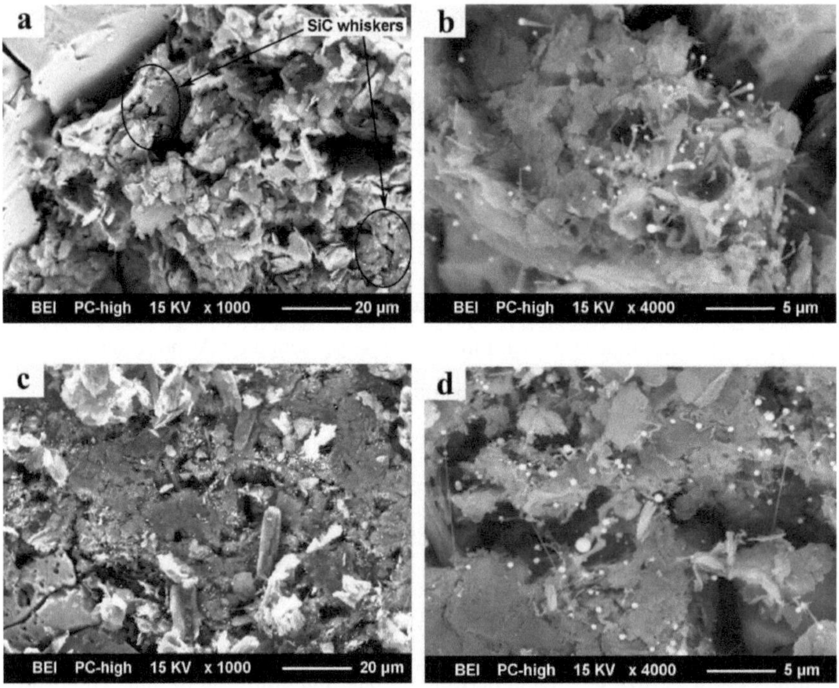

Fig. 19 Imagens SEM das amostras após redução em H_2 a 1400 °C. (a) e (b) secção transversal da pastilha; (c) e (d) superfície da pastilha.

Fig. 20 Imagens SEM das amostras após redução em H_2 a 1500 °C. (a) Secção transversal da pastilha; (b) superfície da pastilha.

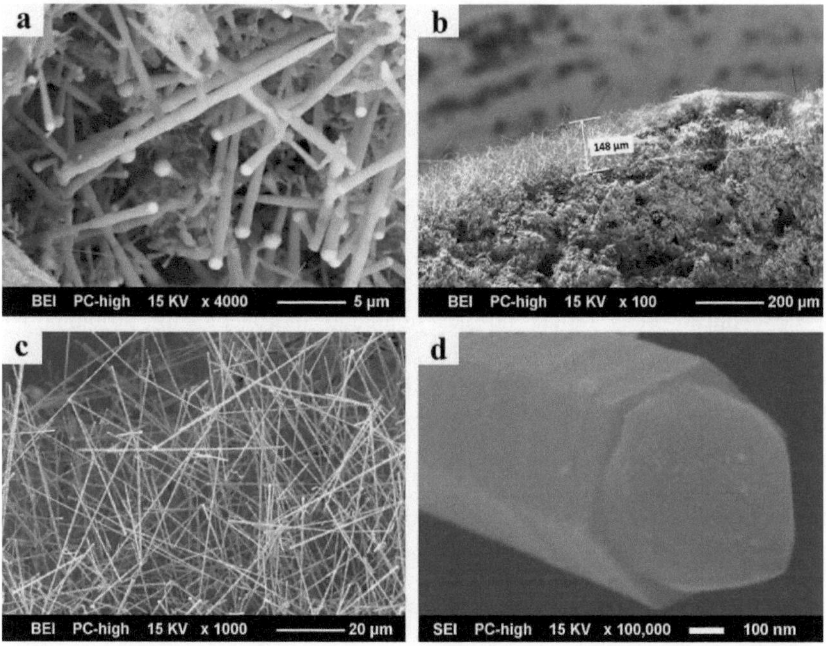

Fig. 21 Imagens SEM das amostras após redução em H_2 a 1600 °C. (a) e (b) secção transversal da pastilha; (c) superfície da pastilha; (d) uma pastilha de SiC em grande ampliação.

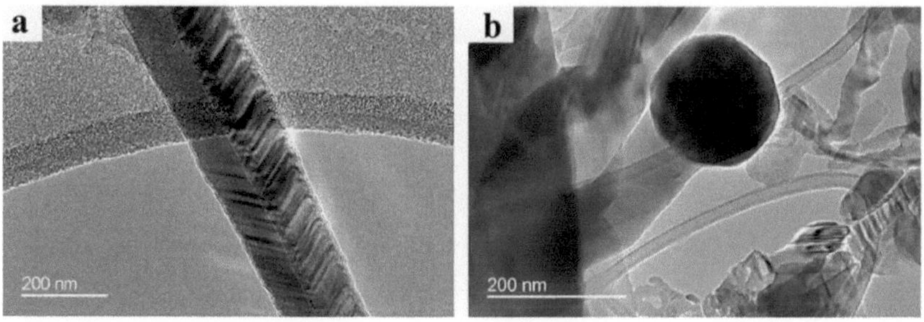

Fig. 22 Imagens TEM de (a) corpo de pastilhas de SiC sintetizadas em H_2 a 1600 °C e (b) glóbulo de catalisador.

1.5 Conclusões

A redução carbotérmica do quartzo foi fortemente afetada pela atmosfera gasosa e pela temperatura. A taxa de redução aumentou com o aumento da pressão parcial de hidrogénio e da temperatura. O SiC começou a formar-se a 1200 °C em hidrogénio. A conversão de quartzo em SiC a 1400 °C ficou concluída em 270 minutos. Este período foi reduzido para 140 minutos a 1500 °C e 70 minutos a 1600 °C. Na redução carbotérmica de SiO2 em árgon, a conversão de quartzo em SiC começou a 1300 °C, e ficou incompleta após 270 minutos a 1500 °C.

A taxa de redução mais rápida no gás contendo hidrogénio foi atribuída ao envolvimento do hidrogénio nas reacções. O quartzo foi diretamente reduzido pelo hidrogénio a SiO; o CH4 formado pela reação do hidrogénio com a grafite também acelerou a redução do quartzo a SiC.

Em atmosfera de H2, os whiskers de SiC com diâmetro de 100-800 nm começaram a crescer a partir de 1400 °C e terminaram a 1600 °C, seguindo o mecanismo VSL sob o efeito catalítico do ferro. O comprimento dos whiskers aumentou com o aumento da temperatura. O rendimento dos whiskers foi maior na superfície do que no interior da pastilha.

Capítulo 4. Redução carbotérmica de quartzo a carboneto de silício em gás contendo metano

O Capítulo 4 apresenta uma investigação sobre a síntese de SiC através da redução carbotérmica do quartzo em gás contendo metano. Demonstra-se que o metano substitui o redutor parcial grafite e aumenta a taxa de redução. É também demonstrado que o teor de metano é limitado e que é necessário um elevado teor de hidrogénio no gás para suprimir a decomposição térmica do metano e a deposição de carbono no processo de redução a alta temperatura.

4.1 Efeito da temperatura

A redução do quartzo foi estudada na gama de temperaturas de 1300 °C a 1550 °C. A mistura de gases de entrada continha 1 vol. de metano, 70 vol. de hidrogénio e 29 vol. de árgon. A extensão da redução em *função do* tempo a diferentes temperaturas é apresentada na Figura 23. A Figura 24 apresenta os espectros de XRD das amostras reduzidas a diferentes temperaturas durante 150 minutos. A Tabela 4 apresenta a extensão final da redução e o rendimento do SiC após 150 minutos de redução.

A uma temperatura baixa de 1300 °C, a redução carbotérmica do quartzo foi lenta, atingindo uma extensão de redução de 48,8 % em 150 minutos. Uma pequena quantidade de β-SiC foi identificada no produto da redução, correspondendo aos picos fracos em 2θ = 35,66 (d = 2,5161 **Â**), 2θ = 41,40 (d = 2,1790 **Â**) e 2θ = 59,99 (d = 1,5408 **Â**). O rendimento de SiC foi de 38,5 %, como mostra a Tabela 4. Com o aumento da temperatura, a taxa de redução e a composição das amostras reduzidas mudaram consistentemente. Na redução a 1500 °C, o teor de oxigénio diminuiu para 0,49 wt % e o teor de carbono livre foi de 3,67 wt %. O grau de redução correspondente foi de 99,5%, que não aumentou mais com o prolongamento do tempo de redução. O rendimento de SiC foi de 72,4 %; uma fração significativa de silício na matéria-prima foi perdida como SiO. Um novo aumento da temperatura para 1500 °C e 1550 °C acelerou a redução, mas não teve qualquer efeito sobre a extensão da redução, que estava quase completa a estas temperaturas.

Para além do quartzo, foram detectados picos de cristobalite nas amostras reduzidas a 1350 °C, 1400 °C e 1450 °C, como resultado da transformação do quartzo em cristobalite a altas temperaturas [63]. Nem o quartzo nem a cristobalita foram detectados nas amostras reduzidas a 1500 °C e 1550 °C.

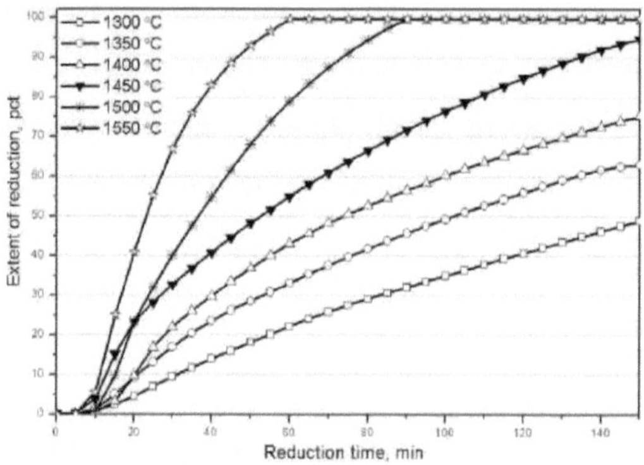

Fig. 23 Efeito da temperatura na extensão da redução na mistura gasosa CH_4-H_2-Ar (1 vol % CH_4 - 70 vol % H_2 - 29 vol % Ar).

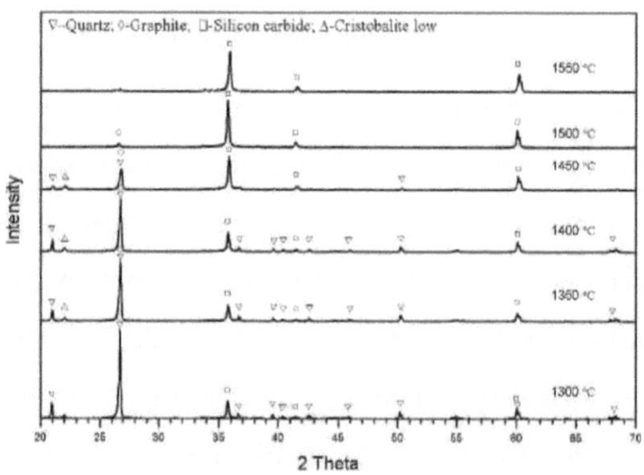

Fig. 24 Padrões de XRD das amostras reduzidas em mistura gasosa CH_4-H_2-Ar (1 vol % CH_4 - 70 vol % H_2 - 29 vol % Ar) durante 150 min a diferentes temperaturas.

Tabela 4. Grau de redução e rendimento do SiC após redução carbotérmica em mistura gasosa CH_4-H_2-Ar a diferentes temperaturas durante 150 minutos.

Temperatura, °C	1300	1350	1400	1450	1500	1550

Teor de carbono livre, % em peso	26.5	23.2	18.3	11.4	3.67	4.25
Teor de oxigénio, % em peso	26.9	22.9	20.0	11.5	0.49	0.50
Perda de peso, %	20.4	24.5	33.0	51.6	63.9	62.9
Perda de Si como SiO, mol %	5.27	0.93	2.69	17.2	27.2	26.6
Extensão da redução, %	48.8	62.9	75.1	94.6	99.5	99.6
Rendimento de SiC, %	38.5	53.8	62.1	68.2	72.4	73.0

4.2 Efeito do teor de metano na mistura de gás

O efeito do teor de metano na mistura gasosa na redução carbotérmica do quartzo foi examinado na gama de 0 a 6 vol %, mantendo o teor de hidrogénio a 70 vol % e a temperatura a 1500 °C. A extensão da redução *versus* tempo para diferentes teores de metano é mostrada na Figura 25. Os espectros de XRD das amostras após a redução são apresentados na Figura 26. A Tabela 5 apresenta a caraterização das amostras após 150 minutos de redução. Durante a redução sem adição de metano, a perda de peso foi de 79,4 %, enquanto a extensão da redução foi de 85,0 %. A grafite na mistura original foi quase totalmente consumida pela redução carbotérmica; os picos de grafite não foram detectados pela análise XRD da amostra reduzida. O rendimento de SiC foi de apenas 42,6 %. A adição de 0,5% de metano na mistura de gás aumentou notavelmente a taxa de redução, resultando na diminuição da perda de peso para 69,0% e no aumento da extensão da redução e do rendimento de SiC para 99,3% e 62,8%, respetivamente. O aumento do teor de metano para 1 vol % resultou num ligeiro aumento da taxa de redução, mas o rendimento de SiC aumentou cerca de 10 %. Registou-se um aumento insignificante do teor de carbono livre nas amostras reduzidas.

Quando o teor de metano aumentou para 2 vol %, a taxa de redução quase não se alterou. A extensão da redução diminuiu ligeiramente, enquanto o rendimento de SiC aumentou marginalmente. Uma mudança acentuada foi o teor de carbono livre na amostra reduzida, que aumentou para 10,1%. Esta é uma indicação de craqueamento térmico do metano. O aumento da concentração de metano na mistura gasosa, embora tenha tido um pequeno efeito na taxa inicial de redução, resultou numa supressão significativa da redução na fase posterior, resultando numa diminuição acentuada da perda de peso, da extensão da redução e do rendimento de SiC. O teor de carbono livre nas amostras reduzidas na mistura gasosa contendo 6 % de metano aumentou para 32,0 %, reflectindo o forte efeito do craqueamento do metano na redução da sílica.

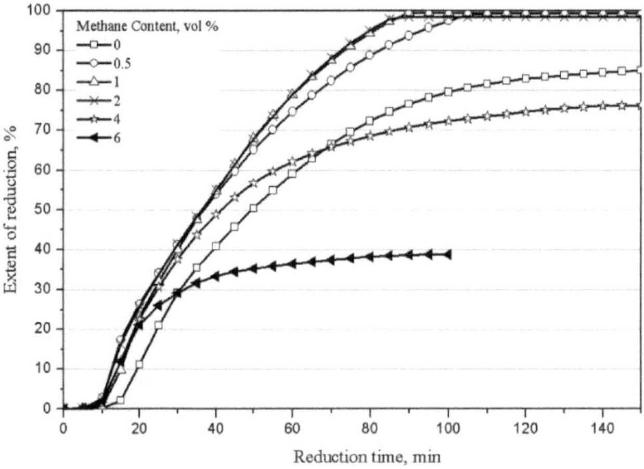

Fig. 25 Efeito do teor de metano nas misturas de gases CH -H42 -Ar na extensão da redução a 1500 °C.

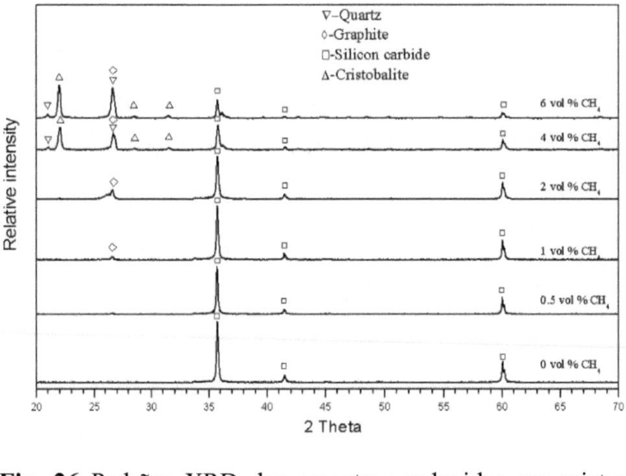

Fig. 26 Padrões XRD das amostras reduzidas em misturas de gases CH_4-H_2-Ar com diferentes teores de metano durante 150 min a 1500 °C.

Tabela 5. Grau de redução e rendimento do SiC após redução carbotérmica a 1500 °C nas misturas gasosas CH -H_{42} -Ar com diferentes teores de metano durante 150 minutos.

Teor de metano, vol % vol	0	0.5	1.0	2.0	4.0	6.0*
Teor de carbono livre, % em peso	0.12	1.68	3.67	10.1	28.2	32.0
Teor de oxigénio, % em peso	0.94	0.91	0.49	1.64	19.5	27.3
Perda de peso, %	79.4	69.0	63.9	58.1	28.1	13.2
Perda de Si como SiO, mol %	56.9	36.4	27.2	25.0	10.0	7.22
Extensão da redução, %	85.0	99.3	99.5	98.5	76.2	38.8
Rendimento de SiC, %	42.6	62.8	72.4	73.3	53.1	30.5

* A redução na mistura gasosa contendo 6,0 vol % de metano foi efectuada durante 100 minutos.

4.3 Efeito do teor de hidrogénio na mistura de gases

A influência do teor de hidrogénio na mistura gasosa na redução carbotérmica do quartzo foi examinada a 1500 °C com uma concentração constante de metano de 1 vol %. O teor de hidrogénio na mistura gasosa foi variado de 0 a 99 % vol. A Figura 27 mostra o progresso da redução *em função do* tempo para diferentes teores de hidrogénio, e a Figura 28 apresenta os padrões de XRD das amostras após a redução durante 150 minutos. A Tabela 6 apresenta a extensão final da redução e o rendimento do SiC após 150 minutos de redução. A alteração da concentração de hidrogénio no gás redutor na gama de 0 a 70 vol % afectou fortemente a extensão da redução e o rendimento do SiC, e não teve um efeito visível na redução na gama de 70 a 99 vol %. O teor de carbono livre diminuiu de 27,3 % em peso quando a mistura de gases não continha hidrogénio para 3,67 % em peso quando o teor de hidrogénio era de 70 % vol.

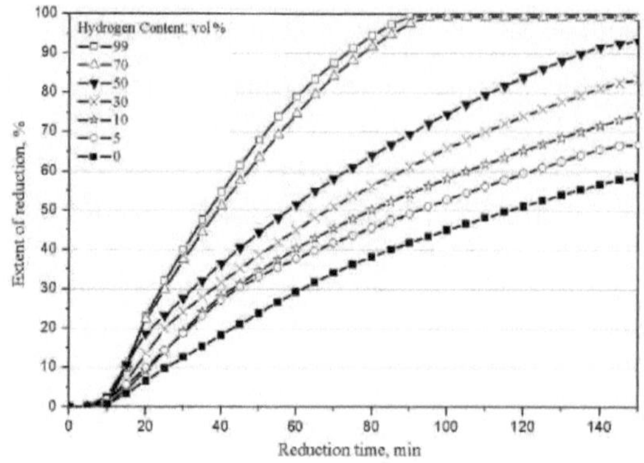

Fig. 27 Efeito do teor de hidrogénio nas misturas gasosas CH -H_{42} -Ar na extensão da redução a 1500 °C.

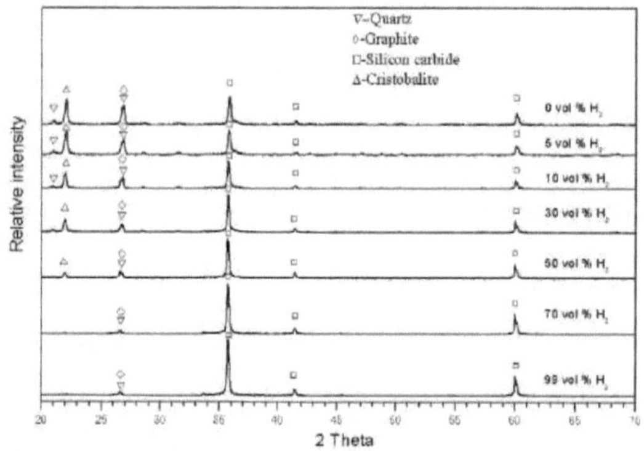

Fig. 28 Padrões XRD de amostras reduzidas em misturas de gases CH_4-H_2-Ar com diferentes teores de hidrogénio durante 150 min a 1500 °C.

Tabela 6. Extensão da redução e rendimento do SiC após redução carbotérmica a 1500 °C nas misturas de gases CH_4-H_2-Ar com diferentes teores de hidrogénio durante 150 minutos.

Teor de hidrogénio, vol % vol	0	5	10	30	50	70	99
Teor de carbono livre, % em peso	27.3	24.1	17.7	11.4	8.67	3.67	3.05
Teor de oxigénio, % em peso	21.0	18.0	15.0	11.0	3.26	0.49	0.23

Perda de peso, %	35.2	41.2	48.3	55.5	60.5	63.9	64.3
Perda de Si como SiO, mol %	18.9	20.1	20.7	23.7	25.9	27.2	27.3
Extensão da redução, %	58.6	66.8	74.5	83.5	93.0	99.5	99.6
Rendimento de SiC, %	45.5	52.1	58.9	63.5	70.7	72.4	72.5

4.4 Mecanismo de redução

A redução do quartzo pelo carbono descrita pela Reação (1) é uma combinação das Reacções (2) e (3). As reacções geram SiC e SiO, cujas quantidades dependem da relação carbono/quartzo *x*. Quando $2<x<3$:

$$SiO_2\ (s) + x\ C\ (s) = (x-1)/2\ SiC\ (s) + (3-x)/2\ SiO\ (g) + (1+x)/2\ CO\ (g) \quad (25)$$

Schei e Halvorsen [53] definiram *x* na Reação (25) como a cobertura de carbono. A reação (25) indica que, quando a razão molar C/SiO2 é inferior a uma razão estequiométrica de 3, o silício pode perder-se sob a forma de SiO(g) e ser expelido do reator. A recuperação de SiC depende da cobertura de carbono. A introdução de metano no sistema de reação com C/SiO2 = 2 aumenta a formação de SiC:

$$SiO_2(s) + 2\ C(s) + y\ CH_4\ (g) = (0.5 + 0.5y)\ SiC\ (s) + (0.5 - 0.5y)\ SiO\ (g) + (1.5 + 0.5y)\ CO\ (g) + 2y\ H_2\ (g) \quad (26)$$

Com o aumento de y ($y \leq 1$), o rendimento de SiC aumenta. Teoricamente, a conversão completa de sílica em SiC pode ser alcançada com y = 1.

A Figura 29 apresenta as composições de equilíbrio calculadas na redução carbotérmica do quartzo com e sem adição de metano. Para reduzir a pressão parcial de CO, foi adicionado 1 mol de árgon aos sistemas reaccionais. No sistema que contém 1 mol de sio2, 2 mol de C e 1 mol de árgon (Figura 29 (a)), a redução de SiO2 começa a 1100 °C; a redução carbotérmica de SiO2 prossegue até 1500 °C, altura em que todo o carbono é consumido. O aumento da temperatura resulta na redução do SiO2 pelo SiC com a evolução do vapor de SiO pela reação (27). A reação do SiO2 é completa quando a temperatura é aumentada para 1950 °C.

$$2\ SiO_2\ (s) + SiC\ (s) = 3\ SiO\ (g) + CO\ (g) \qquad (27)$$
$$\Delta G° = 1444.3 - 0.6700\ T\ \ (kJ)$$

Quando se adiciona 1 mol de metano ao sistema (Figura 29(b)), a decomposição do metano tem lugar antes do início da redução do SiO2 a 1020 °C; a conversão do SiO2 fica concluída a 1620 °C. O quartzo é predominantemente reduzido a SiC; a evolução do SiO é negligenciável no decurso da redução, o que significa que não há perda significativa de silício. O mesmo efeito pode ser obtido aumentando a quantidade de carbono no sistema para C/SiO2 = 3 (Figura 29(c)).

No entanto, os dados experimentais foram bastante diferentes dos resultados dos cálculos termodinâmicos. O sistema de reação estudado, com gás em fluxo contínuo, não se encontrava em funcionamento descontínuo como na modelização termodinâmica. O CO formado pela redução foi continuamente removido do reator, o que melhorou consideravelmente o processo de redução. Por outro lado, o SiO difundiu-se para fora das pastilhas e foi expelido do reator com uma perda significativa de silício como SiO e uma diminuição do rendimento de SiC.

Nas experiências de redução, a mistura gasosa CH4-H2-Ar é mantida em condições de não-equilíbrio com elevada atividade de carbono (em relação à grafite), como se mostra na Figura 30. A elevada atividade do carbono proporciona um forte impulso termodinâmico para a reação de redução.

A Figura 31 apresenta a taxa de geração de CO na redução carbotérmica do quartzo com C/SiO2 de razão 2 em árgon e mistura gasosa CH4-H2-Ar, C/SiO2 de razão 3 em árgon e hidrogénio a 1500 °C. A redução do quartzo com C/SiO2 = 3 foi mais rápida em comparação com a redução da pastilha com C/SiO2 = 2 em árgon. A redução do quartzo na mistura gasosa CH4-H2-Ar, após um início relativamente lento, foi muito mais rápida do que no árgon. No período principal do tempo de redução, a redução do quartzo com C/SiO2 = 2 na mistura gasosa CH4-H2- Ar foi mais rápida em comparação com a redução do pellet com C/SiO2 = 3 em hidrogénio, o que é atribuído à elevada atividade do carbono na mistura gasosa CH4-H2-Ar.

A Tabela 7 compara a composição de três amostras reduzidas a 1500 °C durante 150 minutos. O aumento do teor de carbono na mistura C-SiO2 diminuiu a perda de Si como SiO. A substituição parcial do carbono por metano na fase gasosa diminuiu ainda mais a perda de SiO e aumentou o rendimento de SiC na redução carbotérmica da sílica.

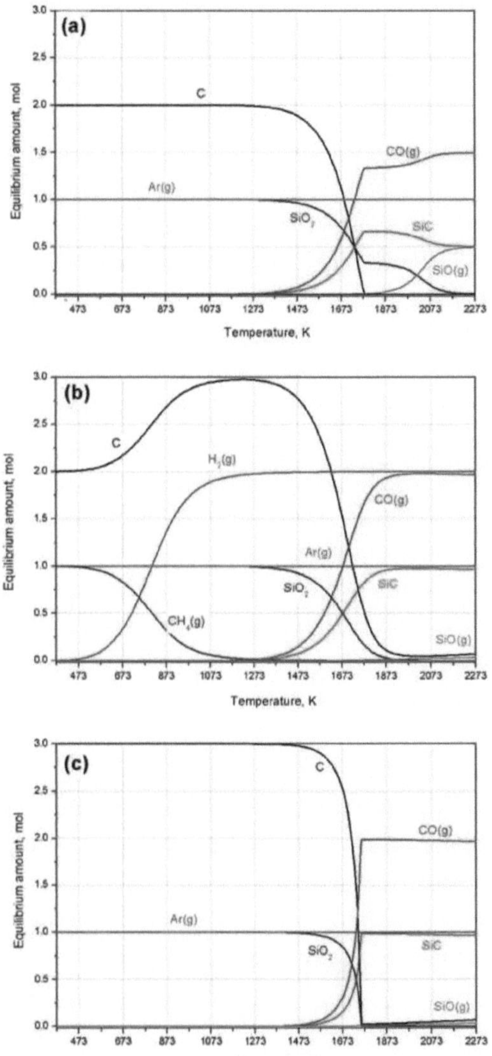

Fig. 29 Composições de equilíbrio dos sistemas (a) SiO2 + 2C + Ar; (b) SiO2 + 2C + CH4 + Ar; (c) SiO2 + 3C + Ar calculadas utilizando o HSC Chemistry 6.1.

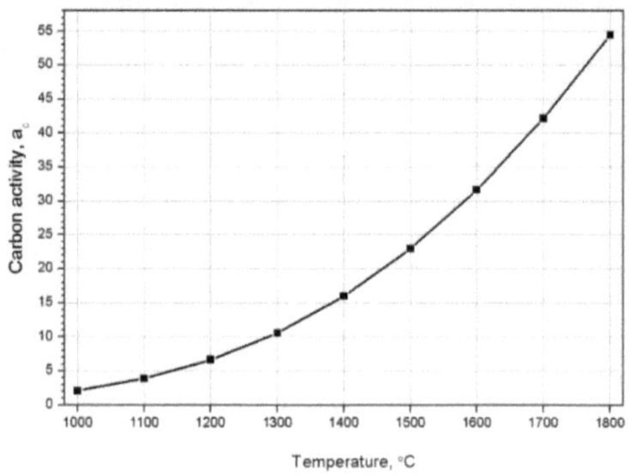

Fig. 30 Atividade calculada do carbono (em relação à grafite) na mistura gasosa CH4-H2-Ar (1 vol % CH4 - 70 vol % H2 - 29 vol % Ar).

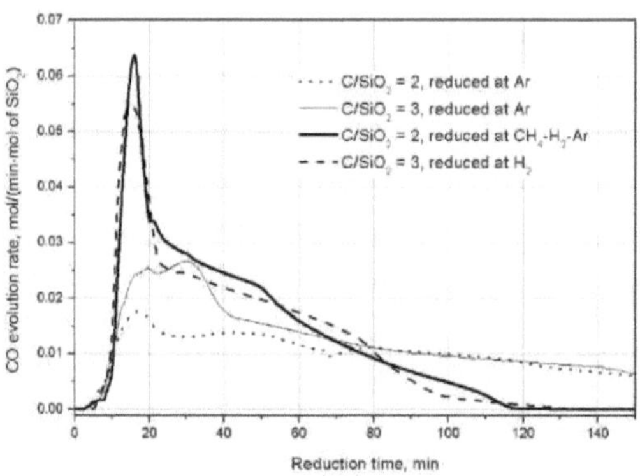

Fig. 31 Taxa de evolução do CO para a redução carbotérmica a 1500 °C durante 150 minutos com alteração dos rácios C/SiO2 e da composição do gás. A composição do gás na mistura de gás CH4-H2-Ar era de 1 vol. de metano, 70 vol. de hidrogénio e 29 vol. de árgon.

Tabela 7. Extensão da redução carbotérmica do quartzo e rendimento de SiC a 1500 °C com alteração das proporções C/SiO2 e da composição do gás após 150 minutos de reação.

Relação molar C/SiO2	2	3	2	3
Atmosfera de gás de redução	Ar	Ar	CH4-H2-Ar*	H2
Teor de carbono livre, % em peso	0.63	10.23	3.67	0.11
Teor de oxigénio, % em peso	20.8	16.4	0.49	0.60
Perda de peso, %	65.2	58.0	63.9	72.04
Perda de Si como SiO, mol %	36.9	29.9	27.2	33.8
Extensão da redução, %	73.5	82.0	99.5	94.6
Rendimento de SiC, %	44.1	52.1	72.4	65.7

*A composição do gás era de 1 vol. de metano, 70 vol. de hidrogénio e 29 vol. de árgon.

Quando a redução carbotérmica do quartzo ocorreu na mistura gasosa com metano de baixa concentração (0,5~2 vol %), a taxa de reação aumentou significativamente. O rendimento do SiC também aumentou devido à elevada taxa de redução. A redução de SiO2 a SiC pelo metano pode ser descrita pelas reacções (20) e (23).

No entanto, nestas condições, o metano é instável e decompõe-se com a deposição de carbono sólido. Se esta reação prevalecer sobre as reacções de redução, a atividade do carbono no sistema será igual à unidade e as condições termodinâmicas para as reacções de redução serão as mesmas que as do processo carbotérmico convencional.

O processo de redução começa com a adsorção do metano nos sítios activos da superfície do quartzo e a sua decomposição, descrita pelas seguintes reacções [73]:

$$CH_4\,(g) = CH_4\,(ad) \quad (28)$$
$$CH_4\,(ad) = CH_3\,(ad) + H\,(ad) \quad (29)$$
$$CH_3\,(ad) = CH_2\,(ad) + H\,(ad) \quad (30)$$
$$CH_2\,(ad) = CH\,(ad) + H\,(ad) \quad (31)$$
$$CH\,(ad) = C\,(ad) + H\,(ad) \quad (32)$$
$$2\,H\,(ad) = H_2\,(g) \quad (33)$$

A reação global de adsorção e craqueamento do metano pode ser apresentada como

$$CH_4\,(g) \rightarrow \ldots \rightarrow C_{ad} + 2\,H_2\,(g) \qquad (34)$$

A reação global de adsorção e craqueamento do metano pode ser apresentada da seguinte forma: C_{ad} representa as espécies de carbono ativo adsorvidas na superfície sólida e é substancialmente diferente do carbono sólido depositado. Com base nesta reação, a atividade termodinâmica do carbono adsorvido pode ser definida (relativamente à grafite) por

$$\alpha_C = \mathrm{K}(P_{CH_4}/\,P_{H_2}^2) \qquad (35)$$

Em que K é a constante de equilíbrio da reação (36) de craqueamento do metano:

$$CH_4\,(g) = C_{gr} + 2\,H_2\,(g) \qquad (36)$$
$$\Delta G^\circ = 89.003 - 0.1085\ T\ \ (\mathrm{kJ})$$

O rácio $(P_{CH_4}/\,P_{H_2}^2)$ na fase gasosa em equilíbrio com a grafite é fixo a temperatura constante e será referido como $(P_{CH_4}/\,P_{H_2}^2)_{gr}$. A equação (35) pode ser reescrita como

$$\alpha_C = \mathrm{K}(P_{CH_4}/\,P_{H_2}^2)/\,(P_{CH_4}/\,P_{H_2}^2)_{gr} \qquad (37)$$

Quando $(P_{CH_4}/\,P_{H_2}^2) > (P_{CH_4}/\,P_{H_2}^2)_{gr}$, a atividade do carbono adsorvido será > 1. Este carbono adsorvido ativo proporciona maior redutibilidade e taxa cinética em comparação com a redução carbotérmica.

O carbono adsorvido é consumido por reacções de redução. O fator-chave é uma taxa elevada desta reação em comparação com a taxa de deposição de carbono na reação (36). O carbono sólido deposita-se na superfície da amostra, dificultando o progresso da redução ao bloquear a superfície das partículas, impedindo o fornecimento de carbono para uma maior redução no interior da pastilha.

Por conseguinte, o efeito do metano na redução carbotérmica do quartzo foi duplo. Por um lado, o aumento do teor de metano na mistura gasosa acelerou a redução e aumentou o rendimento de SiC; por outro lado, o excesso de metano (> 2 vol %) na mistura gasosa resultou na acumulação de carbono sólido na superfície das amostras e retardou as reacções.

O hidrogénio desempenhou também um papel importante na redução carbotérmica do quartzo; teve um forte efeito na taxa e extensão da redução quando o seu teor era inferior a 70 vol %. O hidrogénio reduziu diretamente o SiO2 a SiO na presença de carbono pelas reacções (21) e (22).

O aumento do teor de hidrogénio suprimiu o craqueamento do metano e a deposição de carbono sólido por reação (36). A Figura 32 apresenta a relação entre a extensão da decomposição do metano e o teor inicial de hidrogénio no gás de entrada a 1500 °C. A extensão da decomposição do metano foi calculada a partir do teor de metano no gás de entrada, controlado pelo caudalímetro de gás, e no gás de saída, medido pelo analisador de gases por infravermelhos. A fração de metano decomposto aumentou com a diminuição da pressão parcial de hidrogénio. O efeito do teor de hidrogénio na fase gasosa sobre a taxa de craqueamento do metano foi particularmente forte quando era superior a 50 % vol.

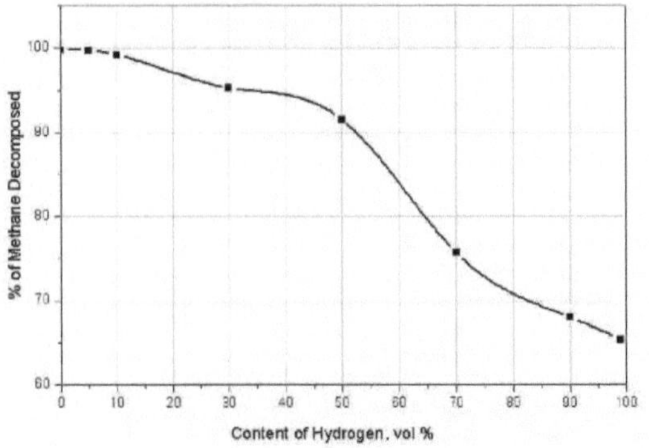

Fig. 32 Decomposição do metano *versus* teor de hidrogénio no gás de admissão. Teor de metano no gás de admissão: 1 vol %; temperatura: 1500 °C.

4.5 Crescimento de bigodes de SiC em mistura gasosa CH4-H2-Ar

A temperatura teve um efeito significativo na morfologia da amostra reduzida na mistura gasosa CH4- H2-Ar. A 1200 °C e 1300 °C, foram observados apenas alguns bigodes na superfície da pastilha, como se mostra na Figura 33(a) e 33(b). Também se observou alguma forma irregular de SiC (onde as setas estão marcadas), devido à baixa pressão de vapor de SiO a baixa temperatura [66]. O aumento da temperatura para 1400 °C e 1500 °C resultou na formação de quantidades de whiskers de SiC, como se mostra na Figura 33(c) e 33(d). A maioria dos whiskers cresceu com um glóbulo de catalisador na ponta, e cresceu a partir do substrato de grafite em pellets. Poucos whiskers finos e compridos foram marcados com setas na Figura 33(c) e 33(d), **e** verificou-se que não havia glóbulo de catalisador na ponta. E as suas direcções de crescimento também eram diferentes das dos bigodes com glóbulo. Deitaram-se na superfície da pastilha, em vez de ficarem "de pé" na superfície.

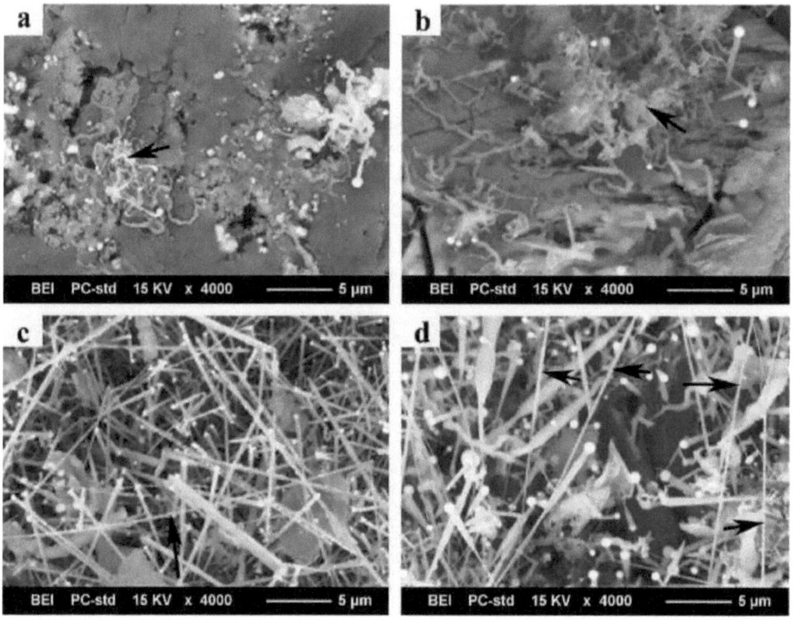

Fig. 33 Imagens SEM das amostras após redução numa mistura de gás CH_4-H_2-Ar. (a) superfície da pastilha, parada a 1200 °C; (b) superfície da pastilha, parada a 1300 °C; (c) superfície da pastilha, parada a 1400 °C; (d) superfície da pastilha, parada a 1500 °C.

Para a amostra reduzida a 1600 °C, a imagem da secção transversal (Figura 34 (a)) mostra que a camada de penugem era muito mais espessa do que a de H_2, variando de

250 a 500 μm. Foram observados whiskers de SiC com diâmetro de 300-800 nm e comprimento de 3-10 μm no centro da secção transversal, como mostra a Figura 34(b), no entanto a maior parte das estruturas de SiC estavam na forma de partículas. A pelota reduzida foi colocada para observar a superfície, ou seja, a penugem mostrada na Figura 34(a). Uma grande quantidade de bigodes longos, sem glóbulos, foram unidos na superfície (Figura 34(c)). Estes bigodes longos atingiram mais de 100 μm de comprimento, com um diâmetro uniforme de 300-400 nm. Os bigodes com glóbulos também podem ser observados sob a cobertura de bigodes longos na superfície do grânulo, como se mostra na Figura 34(d).

Fig. 34 Imagens SEM das amostras após redução numa mistura de gás CH_4-H_2-Ar a 1600 °C. (a) e (b) secção transversal da pastilha; (c) e (d) superfície da pastilha.

As imagens TEM apresentadas na Figura 35 também revelam que dois tipos diferentes de whiskers de SiC saíram da amostra reduzida após 1600 °C. A Figura 35(a) apresenta a imagem dos whiskers de SiC com o glóbulo de catalisador, pode-se ver que apresenta a estrutura de prisma, muito semelhante à estrutura dos whiskers de SiC sintetizados em H2 (Figura 22(a)). O padrão SAED (Figura 35(b)) tirado no corpo deste bigode demonstrou que se tratava de um β-SiC monocristalino, e a direção de crescimento era <111> e <220>. Enquanto que os whiskers de SiC sem glóbulo de catalisador demonstram uma estrutura cilíndrica lisa, como se mostra na Figura 35(c), e a direção principal de crescimento deste whisker pode ser julgada como a direção <111> (Figura 35(d)).

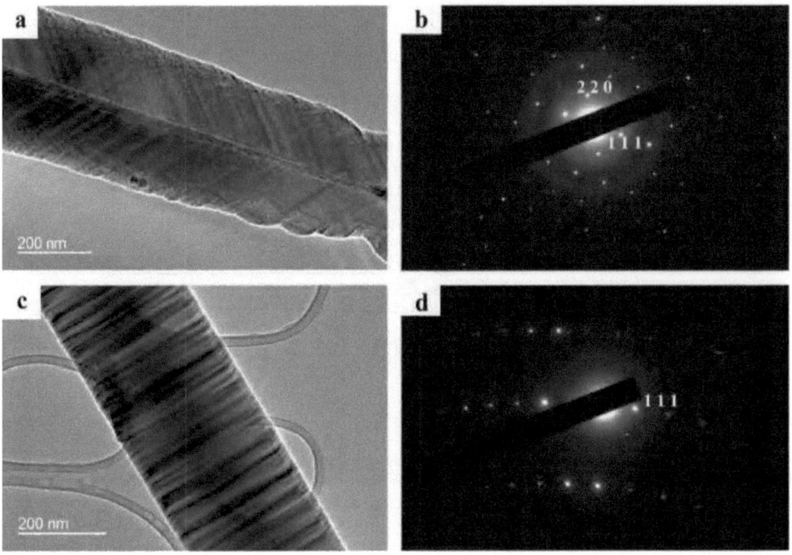

Fig. 35 (a) Imagem TEM da pastilha de SiC sintetizada pelo mecanismo VLS; (b) Padrões SADE obtidos no corpo da pastilha mostrada em (a); (c) Imagem TEM da pastilha de SiC sintetizada pelo mecanismo VS; (d) Padrões SADE obtidos no corpo da pastilha mostrada em (c).

O mecanismo de formação de whiskers de SiC com glóbulo catalisador foi semelhante ao dos whiskers de SiC sintetizados em H_2, só que ocorreu a uma temperatura mais baixa, provavelmente devido ao maior teor de SiO e vapor de gás CH_4. Com base no facto de ter sido observado um glóbulo rico em Fe nas pontas dos whiskers de SiC, o mecanismo de VLS teve lugar. Inicialmente, o catalisador de Fe está em contacto com o material do substrato à medida que a temperatura aumenta até aos pontos de fusão [74]. O glóbulo líquido absorve Si e C do SiO e do vapor de CH_4 até ficar supersaturado. A nucleação do SiC ocorre na interface com o substrato e a solução contínua de espécies gasosas na esfera líquida do catalisador permite que os bigodes cresçam à medida que o SiC adicional precipita.

Para os whiskers longos mostrados na Figura 35(c), é mais provável que ocorra o mecanismo VS do que o mecanismo VLS, uma vez que não foi observado nenhum glóbulo de catalisador nas pontas. A formação de whiskers longos não pode ser explicada pela reação gás-gás (SiO-CO) 24, uma vez que não se formaram whiskers de SiC em atmosfera de Ar. Por conseguinte, é mais provável que o crescimento de bigodes longos de SiC através do mecanismo VS ocorra através da reação gás-gás (SiO-CH4) 23. Na situação sem catalisador, foram necessárias pressões de vapor de SiO e CH4 mais elevadas para o mecanismo VS, o que explica o facto de os bigodes longos terem sido gerados a temperaturas mais elevadas (>1400 °C). A formação não catalítica de bigodes longos na redução em H2 pelo mecanismo VS não era viável porque a pressão de CH4 era significativamente mais baixa, como detectado pelo analisador de gás infravermelho (Figura 36).

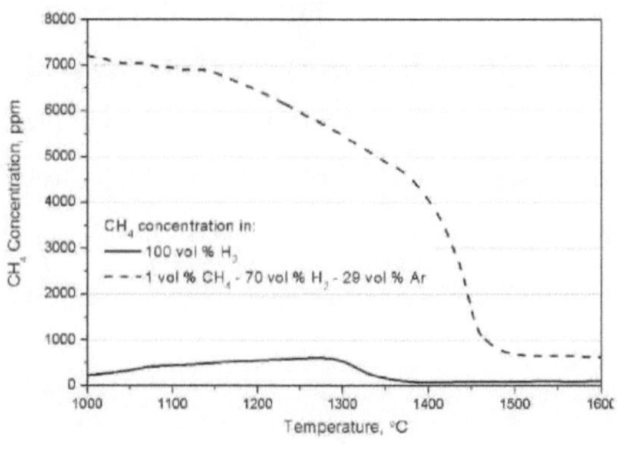

Fig. 36 Concentração de CH4 na fase gasosa no progresso da redução em H2 e mistura gasosa CH4-H2-Ar.

4.6 Conclusões

Este capítulo estudou a redução carbotérmica do quartzo nas misturas gasosas CH4-H2-Ar na gama de temperaturas de 1300 °C a 1550 °C em comparação com a redução em árgon. A redução do quartzo misturado com grafite com uma relação C/SiO2 de 2 na mistura gasosa contendo 1 vol. de metano, 70 vol. de hidrogénio e 29 vol. de árgon foi quase completa em 90 minutos a 1500 °C e em 60 minutos a 1600 °C.

O metano forneceu parcialmente carbono para a síntese de SiC e revelou uma elevada atividade de carbono em comparação com a grafite sólida. A taxa de redução e o rendimento do SiC aumentaram com o aumento do teor de metano na mistura de gás CH_4-H_2-Ar até 2 vol %. O aumento do teor de metano causou uma fissuração excessiva do metano com deposição de carbono sólido, o que impediu o acesso do gás redutor e atrasou as reacções. Para suprimir a deposição de fissuras de metano, o teor de hidrogénio na mistura gasosa deve manter-se acima de 70 % vol (a 1500 °C e 1 % vol de metano). O hidrogénio estava também diretamente envolvido na redução do quartzo a SiO.

A síntese de SiC na mistura de gás CH_4-H_2-Ar resultou em partículas irregulares e dois tipos diferentes de bigodes de SiC. Um, sob a forma de prisma, cresceu a 1200-1600 °C pelo mecanismo VSL; o outro, sob a forma de cilindros longos, foi sintetizado a 1400 - 1600 °C pelo mecanismo VS. A morfologia e o mecanismo de produção dos whiskers de SiC foram afectados pela pressão de vapor em diferentes atmosferas e temperaturas de redução. O crescimento unidimensional de SiC sob a forma de whiskers e fibras foi conseguido através da reação gás-gás, enquanto que as partículas de SiC foram formadas através das reacções gás-sólido.

Capítulo 5. Produção de silício por reação de SiC e SiO_2

Tal como proposto no projeto, o SiC sintetizado reagirá posteriormente com SiO2 para formar silício de elevada pureza. O Capítulo 5 apresenta alguns resultados preliminares sobre a reação do quartzo e do SiC para a produção de silício em diferentes atmosferas gasosas, a fim de estabelecer uma compreensão fundamental da reação e fornecer provas para melhorar a tecnologia de produção de silício.

5.1 Reação entre SiO2 e SiC em atmosfera de árgon

Uma mistura de pós de quartzo e de carboneto de silício com uma razão molar SiO2/SiC = 1:1 foi aquecida em árgon a diferentes temperaturas. A taxa de evolução do CO em função do tempo, calculada a partir da concentração de CO no gás de saída, é apresentada na Figura 37, em que o tempo de reação foi contado a partir do início do aquecimento a partir de 400 °C até à temperatura alvo. A Figura 38 mostra os espectros de XRD das amostras que reagiram a diferentes temperaturas. A conversão de SiO2 e SiC e os rendimentos de silício e SiO calculados utilizando os dados LECO estão resumidos na Tabela 8.

Tabela 8 Perda de SiO e rendimento do silício após reação carbotérmica em árgon a diferentes temperaturas.

Temperatura (°C)	1600	1700	1800	1900	1600	1700	1800	1900
Rácio SiO_2/SiC inicial	1:1	1:1	1:1	1:1	1:2	1:2	1:2	1:2
Tempo de reação (min)	150	94	56	66	150	94	56	66
Conversão de SiO2 (%)[a]	67.7	99.4	99.6	99.6	87.3	98.4	99.3	99.3
Conversão de SiC (%)[b]	77.9	79.2	86.0	90.7	59.8	72.4	71.7	77.4
Perda de peso (%)	63.4	73.8	73.2	77.7	55.8	58.3	55.2	60.1
Rendimento de SiO (%)	57.9	58.0	55.4	62.4	42.7	38.9	33.6	40.2
Rendimento de silício (%)	14.9	31.4	37.4	32.7	26.3	42.1	47.3	44.5

[a] Calculado a partir do teor de oxigénio LECO das amostras reagidas;[b] Calculado a

partir do teor de carbono LECO das amostras reagidas.

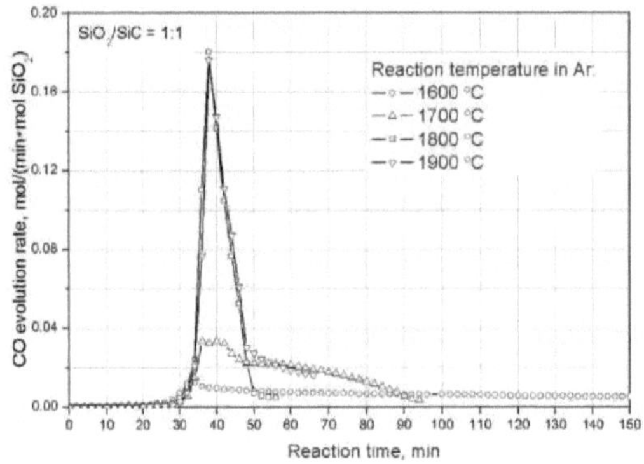

Fig. 37 Taxa de evolução do CO nas reacções a diferentes temperaturas em árgon. As amostras iniciais continham quartzo e carboneto de silício com uma relação molar SiO_2/SiC = 1:1.

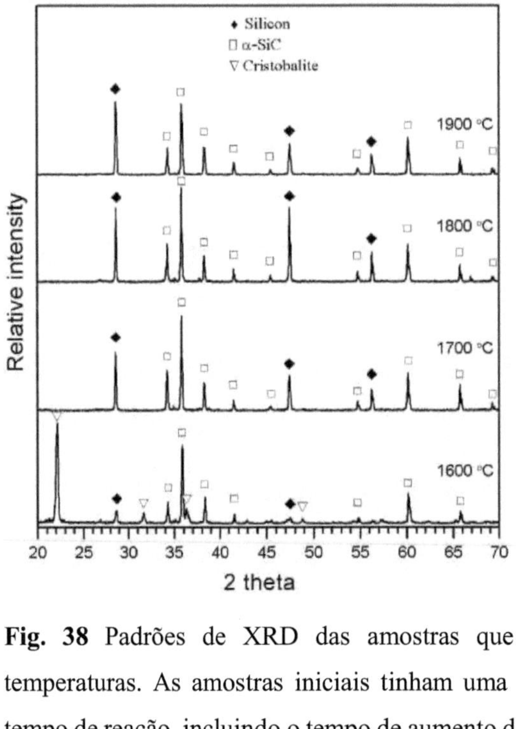

Fig. 38 Padrões de XRD das amostras que reagiram em árgon a diferentes temperaturas. As amostras iniciais tinham uma razão molar de SiO2/SiC = 1:1. O tempo de reação, incluindo o tempo de aumento de temperatura, foi de 150 min a 1600

°C, 94 min a 1700 °C, 56 min a 1800 °C e 66 min a 1900 °C.

Como se mostra na Figura 37, não se observou qualquer evolução de CO durante os primeiros 30 minutos de aquecimento quando as amostras foram aquecidas de 400 a 1600 °C com uma taxa de aquecimento de 40 °C/min. A taxa de reação a 1600 °C foi bastante lenta, tendo sido atingido um pico de taxa de evolução de CO de 0,012 mol/(min mol $_{SiO2}$) durante 34 min. O rendimento de silício após 150 minutos foi de 14,9%, como mostra a Tabela 8. As fases na amostra reagida identificadas por XRD incluíam silício (picos fracos de 2θ a 28,$_{59°}$, *47,57°* e 56,40°), α-SiC não reagido e cristobalite. A cristobalite foi formada a partir do quartzo a temperaturas superiores a 1470 °C [63]. O pico da taxa de evolução de CO a 1700 °C aumentou para 0,033 mol/(min mol $_{SiO2}$), e o rendimento de silício atingiu 31,4 % após reação durante 94 min. Um aumento da temperatura para 1800 °C promoveu significativamente a reação, e a taxa de evolução do CO aumentou rapidamente para 0,180 mol/(min mol $_{SiO2}$). Um novo aumento da temperatura para 1900 °C não afectou a taxa de evolução do CO, mas diminuiu o rendimento do silício, o que foi atribuído a uma maior perda de silício sob a forma de SiO, que atingiu 62,4 %.

A taxa de evolução de CO na reação $_{SiO2-SiC}$ com $_{SiO2/SiC}$ de razão 1:2 em árgon *vs* tempo é apresentada na Figura 39. No geral, a taxa de evolução de CO seguiu uma tendência observada na reação $_{SiO2-SiC}$ com razão $_{SiO2/SiC}$ 1:1 como apresentado na Figura 37, mas os picos de evolução de CO foram visivelmente maiores em todas as temperaturas. A taxa de evolução do CO aumentou com o aumento da temperatura de 1600 para 1800 °C. No entanto, o aumento da temperatura para 1900 °C não acelerou a reação, provavelmente devido à elevada taxa de reação que conduziu a uma maior perda de SiO em comparação com a reação a 1800 °C (Tabela 8) e ao défice de $_{SiO2}$. Em geral, o aumento do teor de SiC na mistura $_{SiO2-SiC}$ aumentou o rendimento de Si, diminuiu o rendimento de SiO e a perda global de peso das amostras reagidas. O SiC não foi completamente convertido em reacções com ambas as proporções de $_{SiO2/SiC}$, embora a conversão de SiO2 tenha sido quase completa a altas temperaturas. Estes resultados experimentais indicam que a sílica reagiu não só com SiC mas também com Si pela reação (10).

A Figura 40 apresenta a pressão parcial de equilíbrio do CO calculada para a Reação (5) e a pressão parcial do SiO calculada para as Reacções (6), (7) e (10) utilizando o HSC Chemistry 6.1 [18]. As pressões parciais de equilíbrio do CO e do SiO aumentam significativamente com o aumento da temperatura. Por conseguinte, o aumento da temperatura favorece a formação de silício, tanto termodinâmica como cineticamente.

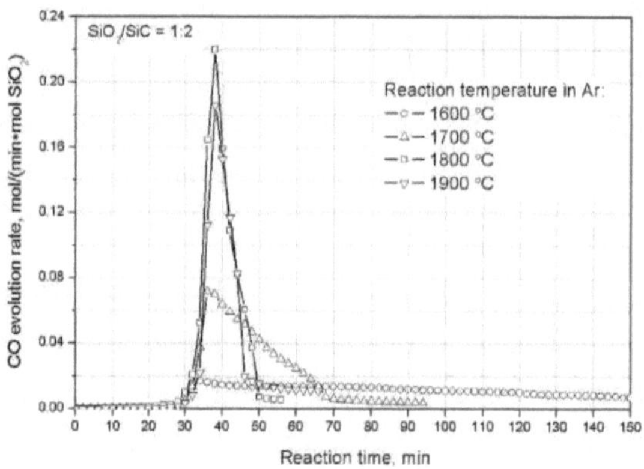

Fig. 39 Taxa de evolução do CO nas reacções a diferentes temperaturas em árgon. As amostras iniciais continham quartzo e carboneto de silício com uma relação molar SiO2/SiC = 1:2.

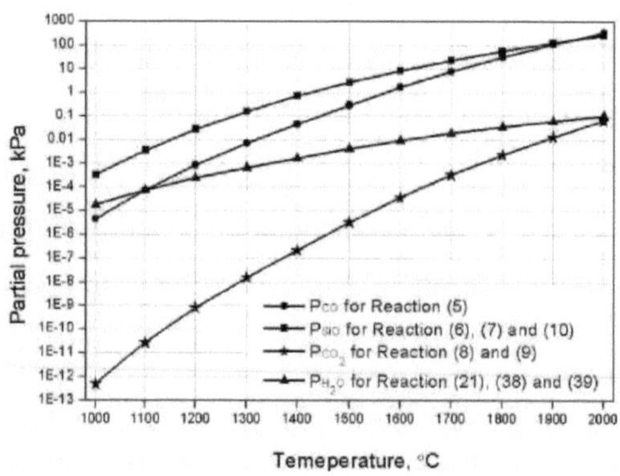

Fig. 40 Pressão parcial de CO de equilíbrio para a Reação (5); pressão parcial de SiO de equilíbrio para as Reacções (6), (7) e (10), assumindo a pressão parcial de CO

calculada para a Reação (5); pressão parcial de CO_2 de equilíbrio para as reacções (8) e (9), assumindo que a pressão parcial de CO é a mesma que na reação (5) e que a pressão parcial de SiO é a mesma que na reação (6); pressão parcial de H_2O de equilíbrio para as reacções (21), (38) e (39), calculada com a pressão parcial de SiO na reação (5) e p_{H2} = 100 kPa.

A Figura 41 apresenta as imagens de electrões retrodifundidos (BSE) das amostras com uma relação inicial SiO_2/SiC de 1:2 reagidas em árgon a 1600 e 1800 °C. A amostra que reagiu a 1600 °C consistia principalmente em SiC não reagido, cristobalite e uma pequena quantidade de silício elementar (Figura 41(a)). Foram também observados alguns pontos brilhantes de liga Fe-Si; o ferro impuro teve origem nas matérias-primas de quartzo comercial, tal como detectado por uma análise EDS do pó da matéria-prima. A análise SEM/BSE é consistente com a Figura 39, confirmando que a reação não foi concluída. O pó da mistura SiC-SiO2 contido no cadinho de SiC foi sinterizado e encolhido até formar uma pastilha, o que afectou a difusão das espécies gasosas. A distribuição do silício elementar na amostra não era uniforme. Observou-se que o teor de silício elementar era mais elevado na camada externa, mostrando que a fuga de CO da pastilha afectava a cinética da formação de silício. Notou-se também que o silício elementar era sempre gerado em torno das partículas de SiC, mas não das partículas de SiO2. Este fenómeno provou que a reação primária para a produção de silício é a Reação (7).

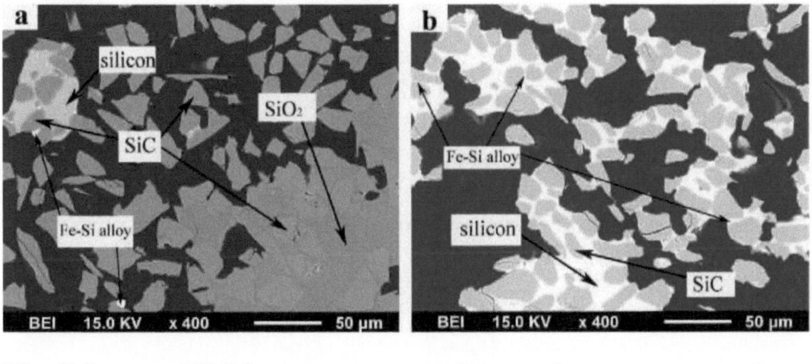

Fig. 41 Imagens SEM de amostras que reagiram em árgon com uma razão molar inicial SiO_2/SiC = 1:2. (a) Reagiu a 1600 °C; (b) reagiu a 1800 °C.

A análise SEM das amostras que reagiram em árgon a 1800 °C (Fig. 41b) não detectou resíduos de sílica. As amostras com rácio $_{SiO2/SiC}$ 1:2 e 1:1 reagidas a 1800 °C consistiam ambas em inclusões de SiC rodeadas por silício elementar. A fração de silício na amostra com relação $_{SiO2/SiC}$ 1:2 foi maior do que na amostra com relação $_{SiO2/SiC}$ 1:1, correspondendo aos rendimentos de silício listados na Tabela 8. Alguns pontos de liga Fe-Si foram também identificados pela análise EDS.

5.2 Reação entre SiO2 e SiC em atmosfera de hidrogénio

A formação de silício a partir de quartzo e SiC em hidrogénio foi examinada com razões molares iniciais de $_{SiO2/SiC}$ 1:1 e 1:2 na gama de temperaturas de 1600-1900 °C. A taxa de evolução do CO em *função* do tempo em experiências com as amostras com uma razão molar $_{SiO2/SiC}$ de 1:1 é apresentada na Figura 42. A Figura 43 mostra os espectros de XRD das amostras reagidas. O rendimento de silício e a perda de SiO calculados utilizando os dados LECO estão resumidos na Tabela 9.

Tabela 9 Perda de SiO e rendimento do silício após reação carbotérmica em hidrogénio a diferentes temperaturas.

Temperatura (°C)	1600	1700	1800	1900	1600	1700	1800	1900
Rácio $_{SiO2/SiC}$ inicial	1:1	1:1	1:1	1:1	1:2	1:2	1:2	1:2
Tempo de reação (min)	150	94	56	66	150	94	56	66
Conversão de SiO2 (%)[a]	99.4	99.6	99.1	99.3	99.3	99.9	99.0	99.6
Conversão de SiC (%)[b]	77.2	92.6	65.3	83.2	77.4	84.3	78.7	93.4
Perda de peso (%)	77.9	77.6	62.2	72.9	56.9	56.6	52.3	56.0
Rendimento de SiO (%)	65.8	61.8	40.4	55.3	34.8	32.5	26.9	28.7
Rendimento de silício (%)	22.5	34.3	41.8	36.1	49.9	56.8	58.6	66.7

[a] Calculado a partir dos dados de oxigénio LECO da amostra após a reação;

[b] Calculado a partir dos dados LECO do carbono total da amostra após a reação.

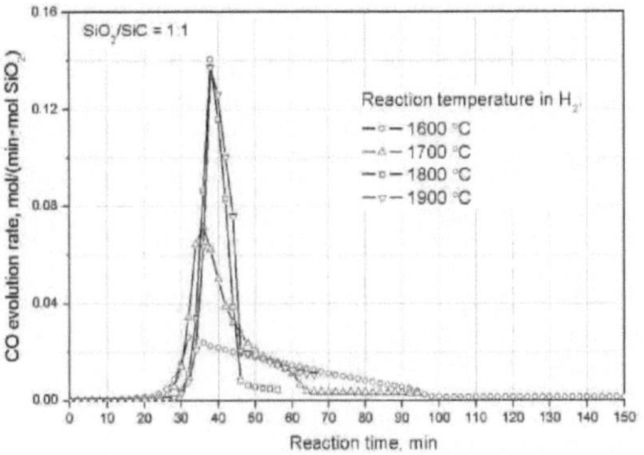

Fig. 41 Taxa de evolução do CO na formação de silício a diferentes temperaturas em hidrogénio. As amostras iniciais tinham uma razão molar SiO2/SiC de 1:1.

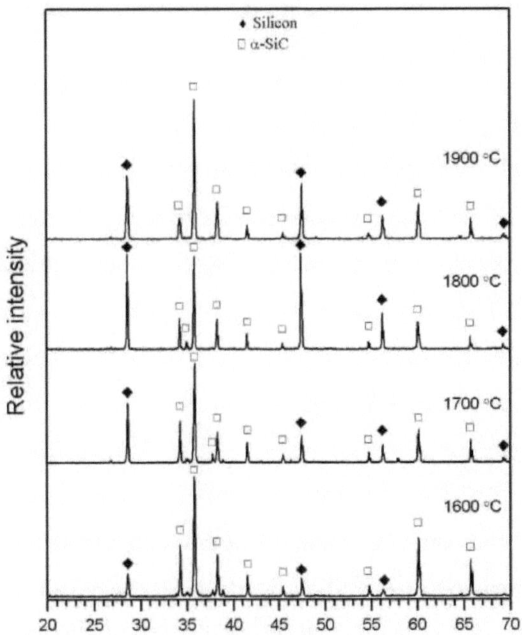

Fig. 42 Padrões XRD de amostras de SiO2-SiC reagidas em hidrogénio a diferentes temperaturas. As amostras iniciais tinham uma relação molar SiO2/SiC de 1:1. O tempo de reação foi de 150 min a 1600 °C, 94 min a 1700 °C, 56 min a 1800 °C e 66 min a 1900 °C.

A taxa de evolução do CO na reação SiO_2-SiC em hidrogénio aumentou com o aumento da temperatura, com uma tendência semelhante à da reação em árgon. A 1600 e 1700 °C, a taxa de evolução do CO em hidrogénio era muito mais elevada do que em árgon. No entanto, os picos da taxa de evolução do CO a 1800 e 1900 °C foram significativamente inferiores aos atingidos em árgon. Também se pode notar, a partir das posições dos picos de evolução do CO, que as reacções começaram a uma temperatura mais baixa (durante o aquecimento das amostras à temperatura experimental) e terminaram mais rapidamente do que no árgon. Como se mostra na Figura 42, não foi detectada sílica residual pela análise XRD da amostra que reagiu a 1600 °C em hidrogénio, e a conversão de sílica estava quase concluída (Tabela 9), enquanto o teor de sílica residual era elevado na amostra que reagiu em árgon (Figura 38; Tabela 8). Estes dados demonstram que a atmosfera de hidrogénio promoveu significativamente as reacções de formação de silício.

O hidrogénio esteve envolvido nas reacções de formação do silício. O quartzo foi parcialmente reduzido diretamente pelo hidrogénio a SiO pela reação (21) [64]:

O vapor de H_2O formado na reação (13) pode ser removido do sistema reacional com o gás em circulação ou reagir com carboneto de silício (reação (38)) e/ou silício (reação (39)):

$$2\ H_2O\ (g) + SiC = SiO\ (g) + 2\ H_2\ (g) + CO\ (g) \qquad (38)$$

$$\Delta G^\circ = 256.30 - 0.1801\ T\ (kJ)\ \ (1273\ K \leq T \leq 2273\ K)$$

$$H_2O\ (g) + Si\ (l) = SiO\ (g) + H_2\ (g) \qquad (39)$$

$$\Delta G^\circ = 88.13 - 0.1037\ T\ (kJ)\ \ (1773\ K \leq T \leq 2273\ K)$$

Ambas as reacções (38) e (39) têm constantes de equilíbrio elevadas no intervalo de temperatura examinado. A pressão parcial de equilíbrio de H_2O nas Reacções (38) e (39), calculada com as pressões parciais de CO e SiO determinadas para as Reacções (5) e (7), é apresentada na Figura 40. A pressão parcial de equilíbrio do CO_2 nas reacções (8) e (9) também é calculada e apresentada na Figura 40. A temperaturas inferiores a 1900 °C, a pressão parcial de H_2O é significativamente superior à de CO_2. O envolvimento do hidrogénio na redução da sílica não altera a termodinâmica da reação global de formação do silício, mas altera o mecanismo de reação e melhora a cinética da reação. A reação (21) pode constituir a principal via para a redução de SiO2 a SiO devido à elevada concentração de hidrogénio.

Uma atmosfera de hidrogénio também aumentou a transferência de massa de espécies gasosas [28, 31, 32, 34, 75]. Com exceção da experiência a 1600 °C, que teve um rendimento mais elevado de SiO devido ao aumento da conversão do quartzo, a perda de SiO no hidrogénio foi equivalente ou inferior à do árgon a outras temperaturas. Isto pode ser atribuído à maior taxa de utilização de SiO pela reação (7) de formação de silício.

As taxas de evolução do CO na reação SiO2-SiC com razão molar SiO2/SiC 1:2 em hidrogénio a diferentes temperaturas são apresentadas na Figura 43. Os rendimentos de silício e SiO estão resumidos na Tabela 9. O pico da taxa de evolução do CO aumentou com o aumento do teor de SiC na mistura SiO2-SiC. O rendimento de SiO e a perda de peso total diminuíram, enquanto o rendimento de silício aumentou significativamente como resultado do aumento da área de superfície do SiC na reação (7).

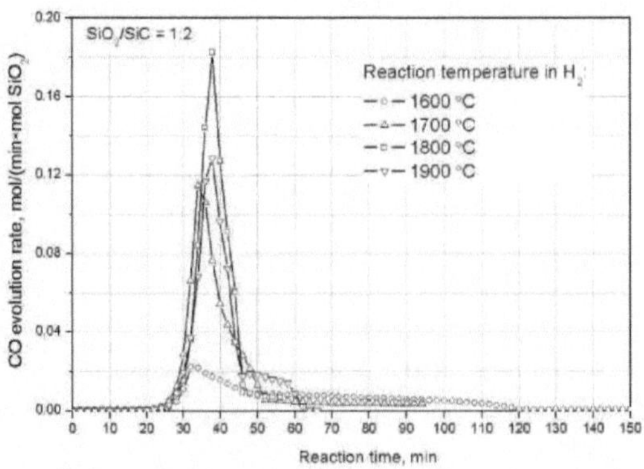

Fig. 43 Taxa de evolução do CO na formação de silício a diferentes temperaturas em hidrogénio. As amostras iniciais continham quartzo e carboneto de silício com uma razão molar SiO2/SiC = 1:2.

5.3 Conclusões

A produção de silício por reação de pós de quartzo e SiC foi estudada na gama de temperaturas de 1600-1900 °C. O rendimento do silício foi fortemente afetado pela temperatura, pela razão molar inicial SiO_2/SiC e pela atmosfera de reação. A reação SiO_2-SiC com uma razão molar SiO_2/SiC de 1:2 obteve um maior rendimento de silício e uma menor perda de SiO. A reação em hidrogénio resultou num maior rendimento de silício do que em árgon. O hidrogénio aumentou a formação de silício por redução direta do quartzo a SiO e aumentou o teor de SiO na fase gasosa, o que promoveu a reação de SiO com SiC. Este estudo pode fornecer informações úteis para a melhoria do processo industrial de silício carbotérmico.

Referências

1. S. E. Saddow: Silicon carbide biotechnology: a biocompatible semiconductor for advanced biomedical devices and applications [Biotecnologia de carboneto de silício: um semicondutor biocompatível para dispositivos e aplicações biomédicas avançadas]. Elsevier Science, Amesterdão, 2011, pp. 5-10.

2. Y. L. Chiew e K. Y. Cheong: Uma revisão sobre a síntese de SiC a partir de biomassas de origem vegetal. Ciência e Engenharia de Materiais B, 2011, vol. 176, pp. 951-964.

3. S. E. Saddow e A. Agarwal: Advances in Silicon Carbide Processing and Applications. Artech House, Norwood, 2004, pp. 2-27.

4. K. Jarrendahl e R. Davis: Material Properties and Characterization of SiC. Semiconductors & Semimetals. 1998, vol. 52, pp. 1-20.

5. R. Cheung: Silicon carbide microelectromechanical systems for harsh environments (Sistemas microelectromecânicos de carboneto de silício para ambientes agressivos). Imperial College Press, Londres, 2006.

6. A. O. Konstantinov, Q. Wahab, N. Nordell e U. Lindefelt: Taxas de ionização e campos críticos em 4H SiC. Applied Physics Letters, 1997, vol. 71, pp. 90-92.

7. G. L. Harris: Properties of silicon carbide. INSPEC, a Instituição de Engenheiros Eléctricos, Londres, 1995.

8. G. S. Gupta, P. Vasanth Kumar, V. R. Rudolph e M. Gupta: Modelo de transferência de calor para o processo acheson. Metallurgical and Materials Transactions A, 2001, vol. 32, pp. 1301-1308.

9. H. N. Baumann: The relationship of alpha and beta silicon carbide. Journal of the Electrochemical Society, 1952, vol. 99, pp. 109-114.

10. Y. Yang, K. Yang, Z. M. Lin e J. T. Li: Síntese de combustão assistida por ativação mecânica de pós de SiC com politetrafluoroetileno como promotor. Boletim de Investigação de Materiais, 2007, vol. 42, pp. 1625-1632.

11. Y. Yang, K. Yang, Z. M. Lin, e J. T. Li: Síntese de SiC por combustão de silício e carbono no ar. Journal of the European Ceramic Society, 2009, vol. 29, pp. 175180.

12. O. Kordina, C. Hallin, A. Ellison, A. S. Bakin, I. G. Ivanov, A. Henry, R. Yakimova, M. Touminen, A. Vehanen e E. Janzen: Deposição de vapor químico a alta temperatura de SiC. Applied Physics Letters, 1996, vol. 69, pp. 1456-1458.

13. A. Henry, I. G. Ivanov, T. Egilsson, C. Hallin, A. Ellison, O. Kordina, U. Lindefelt e E. Janzen: High quality 4H-SiC grown on various substrate orientations. Diamond and Related Materials, 1997, vol. 6, 1289-1292.

14. Q. G. Fu, H. J. Li, X. H. Shi, K. Z. Li, J. Wei e Z. B. Hu: Síntese de nanofios de carboneto de silício por CVD sem a utilização de um catalisador metálico. Materials Chemistry and Physics, 2006, vol. 100, pp: 108-111.

15. M. Narisawa, Y. Okabe, M. Iguchi e K. Okamura: Síntese de pós ultrafinos de SiC a partir de precursores hibridizados de carbono-sílica com redução carbotérmica. Journal of Sol-Gel Science and Technology, 1998, vol. 12, pp. 143-152.

16. Z. S. Ermekova, Z. A. Mansurov, e A. S. Mukasyan: Influência da morfologia do precursor na microestrutura do nanopó de carboneto de silício produzido por síntese de combustão. Ceramics International, 2010, vol. 36, pp. 2297-2305.

17. H. P. Martin, R. Ecke, e E. Miiller: Síntese de pó de carboneto de silício nanocristalino por redução carbotérmica. Journal of the European Ceramic Society, 1998. vol. 18, pp. 1737-42.

18. HSC Chemistry 6.1: Software de Reacções Químicas e Equilíbrio com uma extensa base de dados termoquímicos, Outokumpu, 2007.

19. Y. Duan, B. Zhang, D. C. Sorescu e J. K. Johnson: Propriedades de captura de CO_2 de sistemas M-C-O-H (M=Li, Na, K): Um estudo combinado de teoria funcional da densidade e dinâmica de fônons de rede. Journal of Solid State Chemistry, 2011, vol. 184, pp. 304311.

20. J. G. Lee, P. D. Miller, e I. B. Cutler: Reactiviity of solids, Plenum Press, Nova Iorque, 1976, pp. 707-712.

21. Y. Zhong, L.L. Shaw, M. Manjarres e M.F. Zawrah: Síntese de nanopó de carboneto de silício utilizando sílica de fumo. Jornal da Sociedade Americana de Cerâmica, 2010. vol. 93, pp. 3159-3167.

22. B. M. Moshtaghioun, R. Poyato, F. L. Cumbrera, S. de Bernardi-Martin, A. Monshi, M. H. Abbasi, F. Karimzadeh e A. Dominguez-Rodriguez: Síntese carbotérmica rápida de nanopós de carboneto de silício usando aquecimento por micro-ondas. Jornal da Sociedade Europeia de Cerâmica, 2012, vol. 32, pp. 1787-1794.

23. A. Agarwal e U. Pal: Influence of pellet composition and structure on carbothermic reduction of silica. Metallurgical and Materials Transactions B, 1999, vol. 30, pp. 295-306.

24. B. M. Moshtaghioun, A. Monshi, M. H. Abbasi, e F. Karimzadeh: Um estudo sobre os efeitos do tamanho das partículas de sílica e do tempo de moagem na síntese de nanopartículas de carboneto de silício por redução carbotérmica. Jornal Internacional de Metais Refractários e Materiais Duros, 2011, vol. 29, pp. 645-650.

25. E. Dal Martello, G. Tranell, S. Gaal, O. S. Raaness, K. Tang e L. Arnberg: Study of Pellets and Lumps as Raw Materials in Silicon Production from Quartz and Silicon Carbide. Metallurgical and Materials Transactions B, 2011, vol. 42B, pp. 939-950.

26. J. Yao, H. Wang, X. Zhang, W. Zhu, J. Wei e Y. B. Cheng: Role of Pores in the Carbothermal Reduction of Carbon-Silica Nanocomposites into Silicon Carbide Nanostructures. The Journal of Physical Chemistry C, 2007, vol. 111, pp. 636-641.

27. R. Kononov, O. Ostrovski e S. Ganguly: Redução carbotérmica em estado sólido de minérios de manganês. 11th International Conference on Innovations in the Ferro Alloy Industry - Actas da XI Conferência Internacional sobre Inovações na Indústria de Ligas de Ferro, Nova Deli, 2007, pp. 258-267.

28. R. Kononov, O. Ostrovski e S. Ganguly: Redução Carbotérmica de Óxido de Manganês em Diferentes Atmosferas Gasosas. Metallurgical and Materials Transactions B, 2008, vol. 39, pp. 662-668.

29. M. Yastreboff, O. Ostrovski e S. Ganguly: Effect of Gas Composition on the

Carbothermic Reduction of Manganese Oxide (Efeito da Composição do Gás na Redução Carbotérmica do Óxido de Manganês). ISIJ International, 2003, vol. 43, pp. 161-165.

30. K. Terayama e M. Ikeda: Study on Reduction of MnO with Carbon by Effluent Gas Analysis Method. Transactions of the Japan Institute of Metals, 1985, vol. 26, pp. 108-114.

31. M. A. R. Dewan, G. Zhang, e O. Ostrovski: Redução carbotérmica de concentrados de ilmenite e rutilo sintético em diferentes atmosferas gasosas. Processamento Mineral e Metalurgia Extractiva C, 2011, vol. 120, pp. 111-117.

32. M. A. R. Dewan, G. Zhang e O. Ostrovski: Redução Carbotérmica de Titânia em Diferentes Atmosferas Gasosas. Metallurgical and Materials Transactions B, 2009, vol. 40, pp. 62-69.

33. R. J. Fruehan e G. Carkin: Mechanism and rate of reaction of Al2O, Al, and CO vapors with carbon. Metallurgical and Materials Transactions B, 2004, vol. 35, pp. 617-623.

34. O. Ostrovski, G. Zhang, R. Kononov, M.A.R. Dewan e J. Li: Redução Carbotérmica em Estado Sólido de Óxidos Metálicos Estáveis. Steel Research International, 2010, vol. 81, pp. 841-846.

35. O. Ostrovski e G. Zhang: Reduction and carburization of metal oxides by methane-containing gas. AIChE Journal, 2006, vol. 52, pp. 300-310.

36. G. Zhang e O. Ostrovski: Redução de titânia por mistura de gás metano-hidrogénio-argónio. Metallurgical and Materials Transactions B, 2000, vol. 31B, pp. 129-139.

37. N. Anacleto, O. Ostrovski e S. Ganguly: Redução de óxidos de manganês por gás contendo metano. ISIJ International, 2004, vol. 44, 1480-1487.

38. N. Anacleto e O. Ostrovski: Redução em estado sólido do óxido de crómio por gás contendo metano. Metallurgical and Materials Transactions B, 2004, vol. 35B: 609-615.

39. J. Zhang e O. Ostrovski: Iron ore reduction/cementation: experimental results and kinetic modelling. Ironmaking & Steelmaking, 2002, vol. 29, pp. 15-21.

40. J. Zhang and O. Ostrovski: Cementite Formation in CH4-H2-Ar Gas Mixture and Cementite Stability. ISIJ International, 2001, vol. 41, pp. 333-339.

41. H. C. Lee, S. Dhage, M.S. Akhtar, D. H. Kwak, W. J. Lee, C. Y. Kim e O. B. Yang: Um estudo de simulação sobre a redução carbotérmica direta de SiO2 para Si metal. Física Aplicada Atual, 2010, vol. 10, pp. S218-S221.

42. X. Li, G. Zhang, R. Tronstad, O. Ostrovski, Reduction of Quartz to Silicon Monoxide by Methane-hydrogen Mixtures. Metallurgical and Materials Transactions B, no prelo

43. S. Cetinkaya e S. Eroglu: Deposição de vapor químico de C sobre SiO2 e subsequente redução carbotérmica para a síntese de partículas/whiskers de SiC nanocristalino. Jornal Internacional de Metais Refractários e Materiais Duros, 2011, vol. 29, pp. 566-572.

44. S. Ranjan, S. Balaji, R. A. Panella e B. E. Ydstie: Produção de células solares de silício. Computers & Chemical Engineering, 2011, vol. 35, pp. 1439-1453.

45. R. Gloeckner, J. O. Odden, G. Halvorsen, R. Tronstad e M. J. de-Wild Scholten: Environmental life cycle assessment of the elkem solar metallurgical process route to solar grade silicon with focus on energy consumption and greenhouse gas emissions. Silicon for the Chemical and Solar Industry IX, 2008, Oslo, Noruega, pp. 235-241.

46. N. Yuge, M. Abe, K. Hanazawa, H. Baba, N. Nakamura, Y. Kato, Y. Sakaguchi, S. Hiwasa e Aratani F.: Purificação de silício de qualidade metalúrgica até à qualidade solar. Progress in Photovoltaics: Research and Applications, 2001, vol. 9, pp. 203-209.

47. B. G. Gribov e K. V. Zinov'ev: New Technologies for Production of Polycrystalline Silicon for Solar Power Engineering [Novas Tecnologias para Produção de Silício Policristalino para Engenharia de Energia Solar]. Semiconductors, 2008, vol. 42, pp. 1475-1479.

48. A. F. B. Braga, S. P. Moreira, P. R. Zampieri, J. M. G. Bacchin, and P. R. Mei:

New processes for the production of solar-grade polycrystalline silicon: A review. Solar Energy Materials & Solar Cells, 2008, vol. 92, pp. 418-424.

49. K. Yasuda, K. Morita, T. H. Okabe: Processos para a produção de silício de grau solar utilizando a redução de hidrogénio e/ou a decomposição térmica. Tecnologia da Energia, 2014, vol. 2, pp. 141-154.

50. T. Luo, G. Lv, W. Ma, K. Wei, X. Yang, S. Li: Estudo numérico e experimental do processo de purificação de solidificação direcional a vácuo para SoG-Si em rota metalúrgica. Journal of Crystal Growth, 2013, vol. 384, pp. 122-128.

51. R. Tronstad: Um produto sustentável para as células solares que utilizam o solvente Si-Sn. Silicon for the Chemical and Solar Industry XI, Bergen-Ulvik, Noruega, 2012, pp. 197-206.

52. A. Schei, J. Tuset e H. Tveit: Production of High Silicon Alloys. Tapir forlag, Trondheim, Noruega, 1998, pp. 13-72.

53. A. Schei e S. H. Halvorsen: A stoichiometric model of the ferrosilicon process. Actas do Simpósio Kjetil Motzfeldt, Instituto de Química Inorgânica, 1991, NTH, Trondheim, Noruega, pp. 41-56.

54. A. Schei, H. Rong, e A. G. Forwald: Impurity distribution in silicon. Silicon for the Chemical Industry I, 1992, Trondheim, Noruega, pp. 11-23.

55. D. H. Filsinger e D. B. Bourrie: Silica to Silicon: Key Carbothermic Reactions and Kinetics. Journal of the American Ceramic Society, 1990, vol. 73, pp. 1726-1732.

56. L. Hunt: Precursores de silício: Their manufacture and properties. Handbook of semiconductor silicon technology, William Andrew Publishing, Nova Iorque, 1990, pp. 1-32.

57. E. Dal Martello, G. Tranell, S. Gaal, O. Raaness, L. Arnberg: Técnica combinada de XRD e XRF para a quantificação do balanço de massa em um experimento de produção carbotérmica de Si. ISIJ International, 2011, Vol. 9, pp. 1492-1496.

58. W. Poch e A. Dietzel: Bildung von Siliziumcarbid aus Siliziumoxid und

Kohlenstoff. Berichte der Deutschen Keramischen Gesellschaft, 1962, vol. 39: pp. 413-426.

59. M. B. Müller, S. E. Olsen, e J. Kr. Tuset: Heat and Mass Transfer in the Ferrosilicon Process. Scandinavian Journal of Metallurgy, 1972, Vol. 1, pp. 145-155.

60. T. Rosenqvist, J. Kr. Tuset: Discussão da "termodinâmica do sistema Si-C-O para a produção de carboneto de silício e silício metálico. Metallurgical Transactions B, 1987, Vol. 18, pp. 471-472.

61. X. Wan, G. Zhang, O. Ostrovski e H. Aral: Redução carbotérmica de sílica em mistura de azoto e azoto-hidrogénio. Actas do Décimo Terceiro Congresso Internacional de Ferroligas, 2013, Karaganda, Cazaquistão, pp. 739-748.

62. D. Wang, M. Deng, Y. Liu, Y. Liu, X. Li e R. Lu: Discovery of the Metal Trace Elements in Natural Gas and Its Ecological Environment Significance. Earth Science Frontiers, 2008, vol. 15, pp. 124-132.

63. A. C. D. Chaklader e A. L. Roberts: Transformação de quartzo em cristobalita. Journal of the American Ceramic Society, 1961, vol. 44, pp. 35-41.

64. B. Ozturk and R. J. Fruehan: The rate of formation of SiO by the reaction of CO and H2 with silica and silicate slags. Metallurgical and Materials Transactions B, 1985, vol. 16B, pp. 801-806.

65. G. Urretavizcaya e J. M. P. Lopez: Growth of SiC whiskers by VLS process. Journal of Materials Research, 1994, vol. **9**, pp. 2981-86.

66. H. J. Choi e J. G. Lee: Síntese contínua de whiskers de carboneto de silício. Journal of Materials Science, 1995, vol. 30. pp. 1982-1986.

67. U. Setiowati e S. Kimura: Síntese de pó de carboneto de silício a partir de monóxido de silício e metano. Journal of the American Ceramic Society, 1997, vol. 80, pp. 757-760.

68. C. Vix-Guterl, B. McEnaney, P. Ehrburger: Material SiC produzido por redução carbotérmica de um artefacto de sílica-carbono em gel congelado. Journal of the

European Ceramic Society, 1999, vol. 19, pp, 427-432.

69. L. Wang, H. Wada e L. F. Allard, Síntese e caraterização de whiskers de SiC. Journal of Materials Research, 1992, vol. 7, pp. 148-163.

70. G. A. Bootsma, W. F. Knippenberg, e G. Verspui: Crescimento de whiskers de SiC no sistema SiO2-C-H2 nucleado por ferro. Journal of Crystal Growth, 1971, vol. 11, pp. 297-309.

71. J. V. Milewski, F. D. Gac, J. J. Petrovic, S. R. Skaggs, Growth of beta-silicon carbide whiskers by the VLS process, Journal of Materials Science, 1985, vol. 20, pp. 1160-1166.

72. P. C. Silva, J. L. Figueiredo, Produção de whiskers de SiC e Si3N4 em misturas sólidas de C+SiO2. Química e Física dos Materiais, 2001, vol. 72, pp. 326-331.

73. H. J. Grabke: Evidências sobre a concentração superficial de carbono no ferro gama a partir da cinética da cementação em metano-hidrogénio. Metallurgical Transactions, 1970, vol. 1, pp. 2972-2975.

74. D. P. Yu, Q. L. Hang, Y. Ding, H. Z. Zhang, Z. G. Bai, J. J. Wang, Y. H. Zou, W. Qian, G. C. Xiong e S. Q. Feng: Amorphous Silica Nanowires: Intensive Blue Light Emitters. Applied Physics Letters, 1998, vol. 73, pp. 3076-3078.

75. M. A. R. Dewan, G. Zhang, O. Ostrovski, Redução carbotérmica de um concentrado primário de ilmenite em diferentes atmosferas gasosas. Transacções Metalúrgicas e de Materiais B, 2010, Vol. 41B, pp. 182-192.

MIX
Papier aus verantwortungsvollen Quellen
Paper from responsible sources
FSC® C105338

Printed by Books on Demand GmbH, Norderstedt / Germany